Wissenschaftliche Reihe Fahrzeugtechnik Universität Stuttgart

Reihe herausgegeben von

Michael Bargende, Stuttgart, Deutschland

Hans-Christian Reuss, Stuttgart, Deutschland

Jochen Wiedemann, Stuttgart, Deutschland

Das Institut für Fahrzeugtechnik Stuttgart (IFS) an der Universität Stuttgart erforscht, entwickelt, appliziert und erprobt, in enger Zusammenarbeit mit der Industrie, Elemente bzw. Technologien aus dem Bereich moderner Fahrzeugkonzepte. Das Institut gliedert sich in die drei Bereiche Kraftfahrwesen, Fahrzeugantriebe und Kraftfahrzeug-Mechatronik. Aufgabe dieser Bereiche ist die Ausarbeitung des Themengebietes im Prüfstandsbetrieb, in Theorie und Simulation. Schwerpunkte des Kraftfahrwesens sind hierbei die Aerodynamik, Akustik (NVH), Fahrdynamik und Fahrermodellierung, Leichtbau, Sicherheit, Kraftübertragung sowie Energie und Thermomanagement – auch in Verbindung mit hybriden und batterieelektrischen Fahrzeugkonzepten. Der Bereich Fahrzeugantriebe widmet sich den Themen Brennverfahrensentwicklung einschließlich Regelungs- und Steuerungskonzeptionen bei zugleich minimierten Emissionen, komplexe Abgasnachbehandlung, Aufladesysteme und -strategien, Hybridsysteme und Betriebsstrategien sowie mechanisch-akustischen Fragestellungen. Themen der Kraftfahrzeug-Mechatronik sind die Antriebsstrangregelung/Hybride, Elektromobilität, Bordnetz und Energiemanagement, Funktions- und Softwareentwicklung sowie Test und Diagnose. Die Erfüllung dieser Aufgaben wird prüfstandsseitig neben vielem anderen unterstützt durch 19 Motorenprüfstände, zwei Rollenprüfstände, einen 1:1-Fahrsimulator, einen Antriebsstrangprüfstand, einen Thermowindkanal sowie einen 1:1-Aeroakustikwindkanal. Die wissenschaftliche Reihe „Fahrzeugtechnik Universität Stuttgart" präsentiert über die am Institut entstandenen Promotionen die hervorragenden Arbeitsergebnisse der Forschungstätigkeiten am IFS.

Reihe herausgegeben von

Prof. Dr.-Ing. Michael Bargende
Lehrstuhl Fahrzeugantriebe
Institut für Fahrzeugtechnik Stuttgart
Universität Stuttgart
Stuttgart, Deutschland

Prof. Dr.-Ing. Jochen Wiedemann
Lehrstuhl Kraftfahrwesen
Institut für Fahrzeugtechnik Stuttgart
Universität Stuttgart
Stuttgart, Deutschland

Prof. Dr.-Ing. Hans-Christian Reuss
Lehrstuhl Kraftfahrzeugmechatronik
Institut für Fahrzeugtechnik Stuttgart
Universität Stuttgart
Stuttgart, Deutschland

Weitere Bände in der Reihe http://www.springer.com/series/13535

Fabian Fontana

Methoden zur durchgängigen virtuellen Eigenschaftsentwicklung von Fahrzeugen mit Bremsregelsystem

Fabian Fontana
IFS, Fakultät 7, Lehrstuhl für Kraftfahrwesen
Universität Stuttgart
Stuttgart, Deutschland

Zugl.: Dissertation Universität Stuttgart, 2021

D93

ISSN 2567-0042   ISSN 2567-0352   (electronic)
Wissenschaftliche Reihe Fahrzeugtechnik Universität Stuttgart
ISBN 978-3-658-35237-0   ISBN 978-3-658-35238-7   (eBook)
https://doi.org/10.1007/978-3-658-35238-7

Planung/Lektorat: Stefanie Eggert
Springer Vieweg ist ein Imprint der eingetragenen Gesellschaft Springer Fachmedien Wiesbaden
GmbH und ist ein Teil von Springer Nature.
Die Anschrift der Gesellschaft ist: Abraham-Lincoln-Str. 46, 65189 Wiesbaden, Germany

Vorwort

Die vorliegende Arbeit entstand während meiner Tätigkeit als wissenschaftlicher Mitarbeiter am Institut für Fahrzeugtechnik (IFS) in Stuttgart unter der Leitung von Herrn Prof. Dr.-Ing. J. Wiedemann und später Herrn Prof. Dr.-Ing. A. Wagner in Zusammenarbeit mit der Audi AG in Ingolstadt.

Mein besonderer Dank gilt Herrn Prof. Dr.-Ing. J. Wiedemann für die Übernahme der Betreuung, die Freiheiten bei meiner Forschung und die stets konstruktiven fachlichen Diskussionen. Herrn Prof. Dr.-Ing. W. Remlinger danke ich für die Übernahme des Mitberichts. Mein Dank gilt weiterhin Herrn Prof. Dr.-Ing. B. Gundelsweiler für die Wahrnehmung des Prüfungsvorsitzes.

Ich möchte mich außerdem bei meinen ehemaligen Kollegen vom IFS für die fachlichen und außerfachlichen Diskussionen bedanken, die entscheidend zum Erfolg der vorliegenden Arbeit und zu meiner persönlichen Entwicklung beigetragen haben. Namentlich möchte ich meinen ausdrücklichen Dank an die Herren Dr.-Ing. W. Krantz und Dr.-Ing. J. Neubeck aussprechen.

Mein großer Dank gilt zudem den Kollegen der Fahrwerkentwicklung der Audi AG in Ingolstadt. Für die hochmotivierte, fachlich wertvolle und menschlich herausragende Betreuung danke ich Dipl.-Ing. U. Schaaf, Dr.-Ing. I. Scharfenbaum und Dr.-Ing. P. Stegmann ganz besonders. Ferner danke ich Herrn Dipl.-Ing. (FH) A. Ohletz und Herrn Prof. Dr.-Ing. A. Wagner für die Freiheiten in der Abteilung. Insbesondere der fachliche und menschliche Austausch mit den damaligen Doktorandenkollegen Dipl.-Ing. F. Birnbaum, Dr.-Ing. C. Braunholz und M.Sc. F. Chang hat wesentlich zum Erfolg und zur Freude an der Arbeit beigetragen. Außerdem danke ich B. Eng. J. Breitung und M.Sc. P. Wald für die Beiträge in Form ihrer Abschlussarbeiten.

Abschließend danke ich ganz herzlich meiner Familie. Danke Mama, danke Papa und danke Sina für Eure grenzenlose Unterstützung, ohne die mein bisheriger Lebensweg nicht möglich gewesen wäre!

Ingolstadt   Fabian Kian Fontana

Inhaltsverzeichnis

Abbildungsverzeichnis

Tabellenverzeichnis

Abkürzungsverzeichnis

ABS   Antiblockiersystem
AF   Aktivfahrwerk

DAL   Dynamik-Allrad-Lenkung
DoE   Statistische Versuchsplanung (Design of experiments)

E/E   Elektrik/Elektronik
EEM   Elementareffektmethode
EG   Europäische Gemeinschaft
ESC   Electronic Stability Control

HAL   Hinterachslenkung
HiL   Hardware-in-the-Loop

IFFD   Iterated Fractional Factorial Design
IFS   Institut für Fahrzeugtechnik

LK   Leistungsklasse

PCA   Hauptkomponentenanalyse (Principal component analysis)
PHEV   Plug-in-Hybrid-Fahrzeug

SA   Sensitivitätsanalyse
SiL   Software-in-the-Loop

VBSA   varianzbasierte Sensitivitätsanalyse

Symbolverzeichnis

Physikalische Größen ohne explizite Angabe einer Einheit weisen je nach Zusammenhang unterschiedliche Einheiten auf.

Lateinische Buchstaben

a_y	Querbeschleunigung	$\mathrm{m\,s^{-2}}$
$a_{y,\mathrm{max}}$	Maximale Querbeschleunigung	$\mathrm{m\,s^{-2}}$
b_1, b_2	Breiten der Gasse des Spurwechsels	m
b_{Fzg}	Fahrzeugbreite	m
b_{Off}	Versatz der Gassen des Spurwechsels	m
$c_{\alpha,\mathrm{HA}}$	Schräglaufsteifigkeit an der Hinterachse	$\mathrm{N\,rad^{-1}}$
$c_{\alpha,\mathrm{VA}}$	Schräglaufsteifigkeit an der Vorderachse	$\mathrm{N\,rad^{-1}}$
c_p	Bremsenübersetzung	$\mathrm{N\,m\,bar^{-1}}$
$c_{p,\mathrm{HA}}$	Bremsenübersetzung an der Hinterachse	$\mathrm{N\,m\,bar^{-1}}$
$c_{p,\mathrm{VA}}$	Bremsenübersetzung an der Vorderachse	$\mathrm{N\,m\,bar^{-1}}$
$d_{\mathrm{Dach,SP}}$	Abstand Dachlast zum Schwerpunkt	m
d_{Trimm}	Trimmlage des Fahrzeugaufbaus	m
EE	Wert des Elementareffekts	
f	Frequenz	Hz
f_{max}	Maximale Frequenz	Hz
H_0	Nullhypothese	-
H_1	Alternativhypothese	-
i_{D}	Dämpferstrom	A
$i_{\mathrm{D,HA}}$	Dämpferübersetzung an der Hinterachse	-
$i_{\mathrm{D,VA}}$	Dämpferübersetzung an der Vorderachse	-
i, j	Laufvariablen	-
$J_{\mathrm{Rad,HA}}$	Trägheitsmoment der Räder der Hinterachse	$\mathrm{kg\,m^2}$
$J_{\mathrm{Rad,VA}}$	Trägheitsmoment der Räder der Vorderachse	$\mathrm{kg\,m^2}$
$k_{\alpha,0}$	Anfangssteigung der Kurve der Querbeschleunigung a_y über dem Achsschräglaufwinkel α_{HA}	$\mathrm{m\,s^{-2}\,rad^{-1}}$
K_{Agil}	Bewertungskriterium der Agilität	-

Symbol	Beschreibung	Einheit
$K_{An,1}, K_{An,2}$	Bewertungskriterien der Anlenkphase	-
k_{c_α}	Skalierung der Schräglaufsteifigkeit	-
$K_{Dyn,1} \cdots$ $K_{Dyn,6}$	Bewertungskriterien der Dynamikphase	-
k_{Lenk}	Skalierung der Lenkübersetzung	-
KMO	Wert des Kaiser-Meyer-Olkin-Kriteriums	-
k_{μ_x}	Skalierung des Reibwerts in x-Richtung	-
k_{μ_y}	Skalierung des Reibwerts in y-Richtung	-
k_σ	Skalierung der Relaxationslänge	-
K_{Stab}	Bewertungskriterium der Stabilität	-
$k_{Stab,HA}$	Steifigkeit des Stabilisators an der Hinterachse	$N\,m^{-1}$
$k_{Stab,VA}$	Steifigkeit des Stabilisators an der Vorderachse	$N\,m^{-1}$
KW_{Agil}	Agilitätskennwert	$m\,s^{-2}$
$KW_{Agil,Sinus}$	Agilitätskennwert im Sinus mit Haltezeit	$m\,s^{-2}$
$KW_{Agil,Spur}$	Agilitätskennwert im Spurwechsel	$m\,s^{-2}$
KW_{Stab}	Stabilitätskennwert	$rad\,s^3\,m^{-1}$
$KW_{Stab,Sinus}$	Stabilitätskennwert im Sinus mit Haltezeit	$rad\,s^3\,m^{-1}$
$KW_{Stab,Spur}$	Stabilitätskennwert im Spurwechsel	$rad\,s^3\,m^{-1}$
l	Radstand	m
l_1, l_2, l_3	Längen der Gasse des Spurwechsels	m
$m_{B,Dach}$	Masse der Dachlast	kg
$m_{B,HA}$	Masse der Beladung an der Hinterachse	kg
$m_{B,VA}$	Masse der Beladung an der Vorderachse	kg
ME	Linearer Effekt des Iterated Fractional Designs	
$m_{Rad,HA}$	Masse der Räder der Hinterachse	kg
$m_{Rad,VA}$	Masse der Räder der Vorderachse	kg
M_z	Moment um die z-Achse	$N\,m$
n	Anzahl der Parameter	-
n_N	Nachlaufstrecke	m
$p_{Agil,Korr}$	p-Wert der Korellation von subjektiver und objektiver Bewertung der Agilität	-
$p_{Agil,Man}$	p-Wert der Korrelation der Agilitätskennwerte von open- und closed-loop Manöver	-
$p_{Agil,Mess}$	p-Wert des Signifikanztests des Agilitätskennwerts	-

$p_{Agil,Pass}$	p-Wert der Korrelation der Agilitätskennwerte des Fahrzeugs mit und ohne Bremsregelsystem	-
p_{jk}	Elemente der partiellen Korrelationsmatrix	-
p_{Korr}	p-Wert der Korrelationsuntersuchung	-
p_{Mess}	p-Wert des Signifikanztests der Messdaten	-
$p_{Stab,Korr}$	p-Wert der Korellation von subjektiver und objektiver Bewertung der Stabilität	-
$p_{Stab,Man}$	p-Wert der Korrelation der Stabilitätskennwerte von open- und closed-loop Manöver	-
$p_{Stab,Mess}$	p-Wert des Signifikanztests des Stabitätskennwerts	-
$p_{Stab,Pass}$	p-Wert der Korrelation der Stabilitätskennwerte des Fahrzeugs mit und ohne Bremsregelsystem	-
p_{VR}	Bremsdruck vorn rechts	bar
q	Radlasthebelarm	m
QE	Quadratischer Effekt des Iterated Fractional Designs	
r	Korrelationskoeffizient nach Pearson	-
r_{Agil}	Korrelation der subjektiven und objektiven Bewertung der Agilität	-
$r_{Agil,Man}$	Korrelation der Agilitätskennwerte von open- und closed-loop Manöver	-
$r_{Agil,Pass}$	Korrelation der Agilitätskennwerte des Fahrzeugs mit und ohne Bremsregelsystem	-
r_{Grenz}	Grenzwert für eine hohe Korrelation	-
r_{jk}	Elemente der Korrelationsmatrix	-
r_{σ}	Lenkrollradius	m
r_{Stab}	Korrelation der subjektiven und objektiven Bewertung der Stabilität	-
$r_{Stab,Man}$	Korrelation der Stabilitätskennwerte von open- und closed-loop Manöver	-
$r_{Stab,Pass}$	Korrelation der Stabilitätskennwerte des Fahrzeugs mit und ohne Bremsregelsystem	-

s_{HA}	Spurweite an der Hinterachse	m
S_i	Sensitivitätsindex Haupteffekt	-
S_{Ti}	Sensitivitätsindex Totaleffekt	-
s_{VA}	Spurweite an der Vorderachse	m
SWG_{Grenz}	Schwimmwinkelgradient an der Hinterachse im Grenzbereich	$\mathrm{rad\,s^2\,m^{-1}}$
SWG_{Lin}	Schwimmwinkelgradient an der Hinterachse im Linearbereich	$\mathrm{rad\,s^2\,m^{-1}}$
SZ	Schwingzahl	Hz
t	Zeit	s
$t_{a_y,i}$	Zeitpunkte der Nulldurchgänge der Querbeschleunigung a_y	s
$t_{\beta_{HA},i}$	Zeitpunkte der Nulldurchgänge des Schwimmwinkels an der Hinterachse β_{HA}	s
t_{Ende}	Zeitpunkt des Manöverendes	s
t_{max}	Maximale Zeit	s
t_{Start}	Zeitpunkt des Manöverbeginns	s
v	Geschwindigkeit	$\mathrm{m\,s^{-1}}$
X	Allgemeine Eingangsparameter eines Modells in Vektorschreibweise	
X_i	Allgemeine Eingangsparameter eines Modells	
x, y, z	Verschiebung in x-, y- und z-Richtung	m
Y	Allgemeine Ausgangsgrößen eines Modells	

Griechische Buchstaben

α	Statistisches Signifikanzniveau	-
α_{HA}	Achsschräglaufwinkel an der Hinterachse	rad
$\alpha_{HA,k_{\alpha,0}/10}$	Achsschräglaufwinkel an der Hinterachse, bei dem die Steigung der Kurve der Querbeschleunigung a_y über dem Achsschräglaufwinkel α_{HA} 10 % der Anfangssteigung beträgt	rad
β	Schwimmwinkel	rad
β_{HA}	Schwimmwinkel an der Hinterachse	rad
γ	Sturzwinkel	rad

Δ	Inkrement der Elementareffektmethode	
δ	Radlenkwinkel	rad
$\Delta\gamma_{0,\mathrm{HA}}$	Sturzeinstellung an der Hinterachse	rad
$\Delta\gamma_{0,\mathrm{VA}}$	Sturzeinstellung an der Vorderachse	rad
$\Delta\delta_{0,\mathrm{HA}}$	Spureinstellung an der Hinterachse	rad
$\Delta\delta_{0,\mathrm{VA}}$	Spureinstellung an der Vorderachse	rad
δ_{HAL}	Radlenkwinkel der Hinterachslenkung	rad
δ_{L}	Lenkradwinkel	rad
Δy_{WA}	Verschiebung der Wankachse in y-Richtung	m
Δz_{WA}	Verschiebung der Wankachse in z-Richtung	m
μ^*	Sensitivitätsindex der Elementareffektmethode	
μ_x	Reibwert in x-Richtung	-
$\mu_{x,\mathrm{HA}}$	Reibwert in x-Richtung an der Hinterachse	-
$\mu_{x,\mathrm{VA}}$	Reibwert in x-Richtung an der Vorderachse	-
μ_y	Reibwert in y-Richtung	-
$\mu_{y,\mathrm{HA}}$	Reibwert in y-Richtung an der Hinterachse	-
$\mu_{y,\mathrm{VA}}$	Reibwert in y-Richtung an der Vorderachse	-
φ	Wankwinkel	rad
σ	Spreizungswinkel	rad
σ_{HA}	Einlauflänge an der Hinterachse	m
σ_{VA}	Einlauflänge an der Vorderachse	m
$\dot{\psi}$	Gierrate	$\mathrm{rad\,s^{-1}}$

Abstract

The development of modern vehicles is characterised by dynamically changing basic conditions such as customer requirements and legislation. At the same time, the product lifecycles become shorter, the number of vehicle variants increases and technical aspects lead to the higher complexity of the products. Examples include several active chassis control systems and the increasing electrification of the drive train. Conventional methods that use physical prototypes on test tracks are not capable to cope with the aforementioned aspects and sophisticated virtual methods are necessary.

This work presents a virtual development process including the required methods to consistently develop vehicles equipped with a brake control system. The introduced process model is motivated by the increasing complexity and variance of today's vehicle projects and is based on the well-established V-model. The input in the process is characteristic targets on the complete vehicle level. Based on these targets, requirements on the subsystems are derived and specified according to target cascading. After the implementation of the components as software, electric, electronic, and mechanic, the components are integrated successively and verified against the specification. The last step is the verification of the vehicle characteristics on the complete vehicle level. This step consists of the calibration of active systems and the evaluation of the robustness, which is supported by sensitivity analysis methods.

The focus of this work is on the characteristics on the complete vehicle level. In doing so, the particular requirements of vehicles equipped with a brake control system are considered for the first time. The development on the complete vehicle level following the characteristic-orientated development process requires two main elements. Firstly, the approach for objective evaluation is discussed in this work. Secondly, the goal-oriented application of sensitivity analysis methods that are developed for the calibration of the brake control system and the investigation of the vehicle behaviour is investigated.

The incorporation of the methods in a consistent virtual development process demands an appropriate simulation environment, which is built up and validated in the form of a modular Software-in-the-Loop environment. Considering the simulation of vehicles equipped with a brake control system, the use of a Software-in-the-Loop environment is different compared with the mainly used Hardware-in-the-Loop environments. Previous publications predominantly describe Hardware-in-the-Loop environments with a physical brake system. The modular structure of the simulation environment enables, among other things, the simulation of the entire vehicle variance including interacting active chassis control systems and the usage of different model accuracies to include all stages of the development process.

The results of this work focus on the highest implemented model accuracy. The vehicle is modelled as a double-track model. This five mass multibody system is composed of the vehicle body and the four wheels, which are elastically coupled to the body. The tyre is modelled by the Magic Formula tyre model and the axle behaviour is modelled by characteristic curves. In addition, a steering model with elastic torsion bar is integrated. The software corresponds to the code that is implemented in the production vehicle and the software that is developed by suppliers is integrated as a black-box model.

The results of the validation prove that the environment can successfully simulate the driving dynamics of vehicles with a brake control system. This includes vehicles with interacting chassis control systems such as active roll control, all-wheel steering and brake control system. In this context, the interaction of the brake control system and the all-wheel steering is considered in detail by analysing quantities such as the steering angle of the rear axle and the brake pressure. The signal of the sideslip angle has the highest deviation comparing simulation and measurement. It should be noted that the sideslip angle is estimated because it is not possible to measure it directly. The implemented research methods such as sensitivity analysis methods allow for the systematic investigation of the vehicle variance and take interdependent chassis control systems into account. In this context, both mechanic and mechatronic parameters are modified. The introduced modular simulation environment is the basis for the subsequently shown investigations and allows for the application of the virtual development process.

Referring to the proposed development process, this work presents a generic approach to the objective evaluation of the driving dynamics of vehicles equipped with a brake control system. Herein, the focus is the consideration of expert knowledge, the transferability to simulation and the use during the concept phase. The method to define an objective evaluation is based on studies with experts driving several vehicle variants in an established test procedure. The experts assess each vehicle variant according to a prepared questionnaire concerning the dynamic vehicle behaviour including active chassis control systems. Simultaneously, measuring data of the manoeuvres are recorded. Using principal component analysis, the subjective assessments are reduced in dimensionality. Consequently, the expert's evaluation is transformed to fewer criteria that are considered as the main evaluation criteria. These criteria are tested for correlations with objective evaluation criteria.

The objective evaluation criteria are defined by a comprehensive analysis of the measuring data. Based on the measuring data, several objective criteria are calculated and their capability to significantly distinguish between different vehicle variants is verified. This is methodically investigated using statistical hypothesis testing. The statistical tests prove that the determined difference of objective evaluation criteria between the considered vehicle variants is significant in taking scattering into account. Thereby, for the first time, a generic approach for the definition of objective evaluation criteria is presented considering expert knowledge in the area of tuning vehicles equipped with a brake control system. The process is directly applicable to passive vehicles and vehicles equipped with other active chassis control systems.

The manoeuvres that are subjectively examined by road tests are usually closed-loop manoeuvres. These manoeuvres are characterised by a dependence of the driver input on the vehicle response. Consequently, a driver, who interacts with the vehicle, is inevitable for both simulation and road tests. Even though several approaches for modelling driver behaviour are available, this factor impedes the investigation when using simulations. In addition, it causes a lack of reproducibility in road tests. Therefore, another component of the method points out how to define equivalent open-loop manoeuvres that do not require a driver controller but provide comparable conclusions concerning the driving dynamics. Characteristic values are determined in both the closed-loop and the possible open-loop manoeuvre and the correlation between the characteristic values is investigated. A high and significant correlation between characteristic values out of the different manoeuvres proves that the defined open-loop manoeuvre allows equal conclusions as the original closed-loop manoeuvre.

The vehicle characteristics are predominantly defined in the concept phase when no brake control system is available. The work considers this aspect and shows how to predict the behaviour of the vehicle equipped with the brake control system based on the characteristics of the basic vehicle. For that purpose, a vehicle without a brake control system is compared to a vehicle that is equipped with a brake control system. This comparison also requires the definition of an appropriate manoeuvre. Due to the focus on the concept phase, a different open-loop manoeuvre is considered compared to the analysis of the complete vehicle. The characteristic values of the basic vehicle and those of the vehicle with a brake control system are analysed by correlation analyses. Consequently, the possibility to predict the vehicle behaviour based on the basic vehicle is proven systematically. This approach is identical to defining an equivalent open-loop manoeuvre as mentioned above concerning the applied methods.

The introduced methods are successfully applied to a lane change manoeuvre according to technical standards. This closed-loop manoeuvre is a crucial component of the conventional process to develop vehicles equipped with a brake control system. For this reason, it is well-known by the experts for developing vehicles equipped with a brake control system. The driving dynamics characteristics of the considered vehicle are changed by assembling different tyres and additional loading on the rear axle. Furthermore, the vehicle is equipped with an inertial measurement unit and pressure sensors on the wheels.

The experts conduct multiple lane change manoeuvres with each of the four vehicle variants and measuring data is recorded. At the same time, the experts evaluate the vehicle behaviour subjectively with the aid of a questionnaire. The principal component analysis of the subjective evaluation provides two objective evaluation criteria that are identified as the stability and agility of the vehicle. The agility is allocated to the first phase of the manoeuvre, the beginning of the steer. The stability is allocated to the second phase of the manoeuvre, the counter-steering. Especially in the second phase there is the hazard of unstable vehicle behaviour and skidding. Objective evaluation criteria are defined by statistical analyses of the measuring data according to the previously described process. There are two essential requirements the objective criteria have to meet: Firstly, the defined characteristic values must have a high and significant correlation with the subjective evaluation. Secondly, the characteristic values must be capable of distinguishing between different vehicle variants with different characteristics. The stability is characterised by the integral of the rear axle sideslip angle that is normalised to the maximum of lateral acceleration in the second phase of the manoeuvre. The agility is characterised by the maximum lateral acceleration in the first phase.

Based on the criteria describing stability and agility the correlation between the objective criteria and the subjective evaluation of the experts is verified. Moreover, it is shown by further correlation analyses that the open-loop manoeuvre sine with dwell delivers conclusions equivalent to those obtained by the lane change manoeuvre. The sine with dwell manoeuvre is well-established for the homologation of vehicles with a brake control system. For this purpose, the characteristic values defined to objectively evaluate the lane change manoeuvre are calculated in the sine with dwell manoeuvre. The correlation analysis proves that the characteristic values determined in the two different manoeuvres have a high and significant interrelation. Furthermore, the work demonstrates that characteristic values obtained by the steering wheel ramp manoeuvre allow for the prediction of the behaviour of the production vehicle equipped with a brake control system. Correlation analyses show that the gradient of rear axle sideslip angle highly and significantly correlates with the defined criteria for stability. The agility is predicted by considering the maximum lateral acceleration.

Based on the findings of the objective evaluation, an approach for the methodical analysis of the vehicle behaviour is formulated. The defined evaluation criteria serve as the basis for the application of sensitivity analyses. These are first utilised to analyse vehicles equipped with a brake control system. In doing so, the iterated fractional factorial design, the elementary effects method and the variance-based sensitivity analysis are applied within a sequential approach. The iterated fractional factorial design and the elementary effects method are used for factor fixing. This means non-influential parameters are identified and set to a fixed value. The factor fixing substantially reduces the computing time of the simulations and further information about the model are obtained. The variance-based sensitivity analysis is used for factor prioritisation and provides a ranking of the remaining parameters. The non-influential parameters are excluded from the variance-based sensitivity analysis, which allows a quantitative comparison of parameters. The influence of the static vehicle parameters and the calibration parameters of the brake control system on the vehicle behaviour is analysed and the most influential parameters are identified.

The static vehicle parameters are analysed through the elementary effects method and subsequent variance-based sensitivity analysis. Since the number of calibration parameters of the brake control system is considerably higher than the number of static vehicle parameters, the iterated fractional factorial design is initially used as an additional step of the approach. The results are used to purposefully tune the vehicle behaviour by adjusting calibration parameters of the brake control system and to evaluate the robustness of the obtained vehicle behaviour objectively. The most influential static vehicle parameters concerning the stability of the vehicle are the loading on the rear axle, the friction coefficient on the front axle, and the cornering stiffness on the rear axle. The most important parameters concerning the agility of the vehicle are the friction coefficient on the front axle, the loading on the front axle and the loading on the rear axle. The robustness of the vehicle behaviour is evaluated in two ways. The obtained sensitivity indices describe the influence of a parameter on the objective evaluation criteria including interactions between the parameters. In addition, the results of the parameter variation are statistically analysed and the results are depicted in a histogram. Consequently, the distribution of the obtained vehicle behaviour is predicted based on a given variation range of the vehicle parameters.

The practical benefit of the presented approach is proven within the scope of a typical application of the methods. Thereby, the contribution to the virtual development of vehicles equipped with a brake control system is demonstrated. The application focuses on the identification of crucial variants out of the entire vehicle variance including the consideration of interdependent chassis control systems and the methodical calibration of the brake control system of the selected variants. The calibration is based on the objective characteristic values as defined previously. In doing so, active chassis control systems, the combination of several engines and transmissions, the tyres, and the wheelbase are considered. The analysed active chassis control systems are the active roll control, the all-wheel steering, and the brake control system.

The results of the manoeuvre steering wheel ramp deliver the crucial vehicle variants. Therefore, the basic vehicles without a brake control system are considered. The rear axle sideslip angle is introduced as a criterion that characterises the stability of the vehicle and is used to evaluate and distinguish the variants. The two variants with the highest and the lowest stability are selected. In addition, a variant with average stability compared to the entire vehicle variance is selected and examined. The stability criterion of the sine with dwell manoeuvre verifies the prediction of the steering wheel ramp. The ranking of stability coincides between the basic vehicles analysed using the steering wheel ramp and the production vehicle equipped with a brake control system investigated through the sine with dwell manoeuvre.

The variant with the highest stability is equipped with all-wheel steering, which directly controls the rear axle sideslip angle. The rear axle sideslip angle is the crucial quantity of the previously defined stability criterion. Therefore, this variant is regarded as the reference. The variant that has the lowest stability has an active roll control. This active chassis control system influences the roll moment distribution and, therefore, the self-steering behaviour of the vehicle. This leads to higher lateral acceleration. Nevertheless, the stability of the vehicle reduces since the rear axle sideslip angle increases. The parameters of the brake control system of the vehicle variants except for the reference equipped with all-wheel steering are tuned. The parameter tuning leads to a considerable increase of stability as measured by objective criteria. However, the agility of the vehicle reduces at the same time. Comparing the increase of stability to the reduction of agility, the increase of stability prevails. Consequently, it is shown that the parameters identified using sensitivity analysis are capable of adjusting vehicle behaviour concerning stability and agility.

Kurzfassung

Die vorliegende Arbeit zeigt einen virtuellen Entwicklungsprozess mitsamt den notwendigen Methoden zur durchgängigen Eigenschaftsentwicklung von Fahrzeugen mit dem Bremsregelsystem auf. Das vorgestellte Vorgehensmodell wird durch die steigende Komplexität und Varianz heutiger Fahrzeugprojekte motiviert und basiert auf dem in der Fahrzeugentwicklung etablierten V-Modell. Dabei liegt der Fokus der Arbeit auf den Eigenschaften auf der Gesamtfahrzeugebene, wobei erstmalig die speziellen Anforderungen der Entwicklung von Fahrzeugen mit Bremsregelsystem betrachtet werden. Die Grundlage für die Entwicklung ausgehend von Eigenschaftszielen stellen zum einen das in der Arbeit entwickelte Vorgehen zur Objektivierung und zum anderen der zielgerichtete Einsatz von Sensitivitätsanalysemethoden dar, die zur Applikation des Bremsregelsystems und zur Untersuchung der Robustheit des Fahrzeugverhaltens eingesetzt werden.

Zur Einbettung in einen durchgängigen virtuellen Entwicklungsprozess ist eine entsprechende Simulationsumgebung notwendig, die im Rahmen der Arbeit in Form einer Software-in-the-Loop-Umgebung aufgebaut und validiert wird. In diesem Anwendungsgebiet stellt der Einsatz einer Software-in-the-Loop-Umgebung eine Differenzierung zu bisherigen Arbeiten dar, die vorwiegend Hardware-in-the-Loop-Umgebungen einsetzen. Die Ergebnisse der Validierung weisen die Eignung der Umgebung zur Simulation der Fahrdynamik von Fahrzeugen mit Bremsregelsystem nach. Die implementierten Untersuchungsmethoden erlauben die systematische Untersuchung der Fahrzeugvarianz unter Berücksichtigung von wechselwirkenden Fahrwerkregelsystemen.

Bezugnehmend auf den gezeigten Entwicklungsprozess wird in der Arbeit ein generisches Vorgehen zur objektiven Bewertung der fahrdynamischen Eigenschaften von Fahrzeugen mit Bremsregelsystem vorgestellt. Dabei wird ein besonderer Fokus auf die Berücksichtigung des Expertenwissens, die Übertragbarkeit in die Simulation und die Nutzung der Ergebnisse bereits in der Konzeptphase gelegt. Die Methode zur Objektivierung basiert auf der Durchführung einer Probandenstudie mit Experten, die verschiedene Fahrzeugvarianten in einem etablierten Versuchsschema evaluieren. Die subjektiven Beurteilungen werden mithilfe einer Hauptkomponentenanalyse auf die wesentlichen Inhalte reduziert und auf Korrelationen mit den objektiven Bewertungskriterien untersucht. Damit wird erstmals ein generisches Vorgehen zur Berücksichtigung des Expertenwissens für die Abstimmung von Fahrzeugen mit Bremsregelsystem bei der Definition von objektiven Bewertungskennwerten aufgezeigt.

Die bei der subjektiven Bewertung im Fahrversuch betrachteten Manöver stellen für gewöhnlich closed-loop Manöver dar. Diese erfordern einen Fahrer, der mit dem Fahrzeug wechselwirkt, was die Untersuchung in der Simulation erschwert und durch die Abhängigkeit von den Fahrereingaben eine fehlende Reproduzierbarkeit zur Folge hat. Dadurch motiviert wird als weiterer Methodenbestandteil ein auf Korrelationsuntersuchungen basierendes Vorgehen aufgezeigt, um ausgehend von closed-loop Manövern äquivalente open-loop Manöver zu definieren, die keinen Fahrerregler erfordern aber vergleichbare Aussagen hinsichtlich des Fahrverhaltens liefern. Die Fahrzeugeigenschaften werden größtenteils bereits in der Konzeptphase bestimmt, in der jedoch noch kein Bremsregelsystem verfügbar ist. Um diesem Umstand Rechnung zu tragen, zeigt die Arbeit unter der erneuten Anwendung von Korrelationsuntersuchungen erstmalig auf, wie sich das Verhalten des Fahrzeugs mit Bremsregelsystem aus den Eigenschaften des Grundfahrzeugs prognostizieren lässt.

Die vorgestellten Methoden werden erfolgreich auf ein Spurwechselmanöver angewendet, das im konventionellen Entwicklungsprozess einen entscheidenden Baustein der Fahrzeugentwicklung darstellt. Dabei werden objektive Kennwerte für die Stabilität und die Agilität des Fahrzeugverhaltens herausgearbeitet und der Zusammenhang zur subjektiven Expertenbewertung nachgewiesen. Darauf aufbauend wird gezeigt, dass das open-loop Manöver Sinus mit Haltezeit äquivalente Aussagen wie das Spurwechselmanöver erlaubt. Außerdem wird dargelegt, dass mithilfe des Manövers Lenkradwinkelrampe ermittelte Eigenschaftskennwerte in der Konzeptphase die Prognose des Fahrverhaltens des Serienfahrzeugs mit dem Bremsregelsystem ermöglichen.

Basierend auf den Ergebnissen der Objektivierung wird ein Vorgehen zur systematischen Untersuchung des Fahrzeugverhaltens entworfen. Die definierten Bewertungskriterien stellen die Grundlage für die Anwendung von Sensitivitätsanalysen dar, die erstmalig für die Untersuchung von Fahrzeugen mit Bremsregelsystem eingesetzt werden. Dabei werden die Einflussstärken der statischen Fahrzeugparameter und der Applikationsparameter des Bremsregelsystems auf das Fahrzeugverhalten analysiert und die einflussreichsten Größen identifiziert. Die so gewonnenen Erkenntnisse werden dazu genutzt, das Fahrverhalten durch die Applikation des Bremsregelsystems gezielt einzustellen und die Robustheit der erzielten Eigenschaften objektiv zu bewerten.

Der Praxisnutzen der in dieser Arbeit entwickelten Methoden wird im Rahmen einer exemplarischen Methodenanwendung auf ein Fahrzeugprojekt nachgewiesen und damit der Beitrag zur virtuellen Entwicklung von Fahrzeugen mit Bremsregelsystem herausgestellt. Das Anwendungsbeispiel fokussiert dabei die Identifikation von Eckvarianten aus der gesamten Fahrzeugvarianz mitsamt der Berücksichtigung wechselwirkender Fahrwerkregelsysteme und die gezielte Applikation des Bremsregelsystems für die ausgewählten Varianten basierend auf den objektiven Eigenschaftskennwerten.

1 Einleitung

Die Herausforderung bei der Entwicklung von Fahrzeugen nimmt aufgrund von dynamisch veränderlichen Rahmenbedingungen und hoher Produktkomplexität immer weiter zu, sodass auch die eingesetzten Methoden und Prozesse kontinuierlich nach Weiterentwicklungen verlangen. Die vorliegende Arbeit stellt Methoden zur durchgängigen virtuellen Entwicklung von Fahrzeugen mit Bremsregelsystem vor und leistet damit einen Beitrag zu den Entwicklungsmethoden. Dieses Kapitel motiviert die Arbeit und ordnet sie in die vorhandenen Rahmenbedingungen ein. Darauf aufbauend wird die Zielsetzung der Arbeit herausgestellt und ihr Aufbau vorgestellt.

1.1 Motivation

Die heutige Fahrzeugentwicklung wird durch die dynamischen Änderungen von Anforderungen und Erwartungen geprägt, die unter anderem von der Gesetzgebung, der Gesellschaft und den Kunden bestimmt werden. Kerninhalte stellen dabei beispielsweise die Entwicklung und die Nutzung klimafreundlicher Produkte, der technologische Fortschritt und die wirtschaftlichen Interessen dar, die zu immer kürzeren Produktlebenszyklen bei einem gleichzeitigen Anstieg der Variantenflut führen [30], [57], [178], [203]. Der Wunsch nach klimafreundlichen Produktlebenszyklen prägt die Antriebsentwicklung, die dadurch einen Trend zur Elektrifizierung des Antriebsstrangs erfährt [31], [187], [208]. Dadurch wird die gleichzeitige Entwicklung verschiedener Antriebskonzepte mit zunehmender Komplexität mitsamt den entsprechenden Betriebsstrategien notwendig. Gleichzeitig ist die digitale Vernetzung in der Kundenwahrnehmung von immer höherer Bedeutung [121], [132]. Darüber hinaus verfügen die Fahrzeuge im Premiumsegment über verschiedene Fahrwerkregelsysteme zur Beeinflussung der Fahrdynamik, des Fahrkomforts und der Fahrsicherheit [98]. Die benannten Einflussfaktoren deuten bereits an, welche Komplexität und Varianz heutige Fahrzeugentwicklungsprojekte insbesondere

Springer Fachmedien Wiesbaden GmbH, ein Teil von Springer Nature 2021
F. Fontana, *Methoden zur durchgängigen virtuellen Eigenschaftsentwicklung von Fahrzeugen mit Bremsregelsystem*, Wissenschaftliche Reihe Fahrzeugtechnik Universität Stuttgart, https://doi.org/10.1007/978-3-658-35238-7_1

unter der Berücksichtigung sich verkürzender Entwicklungszyklen aufweisen, wobei die Berücksichtigung von Wechselwirkungen der Komponenten zu erfolgen hat [197].

Ein aktives Fahrwerkregelsystem ist das Bremsregelsystem oder Electronic Stability Control (ESC). Der Nutzen des Systems liegt darin, die Beherrschbarkeit des Fahrzeugs auch im fahrdynamischen Grenzbereich sicherzustellen [97], [202]. Die Wirksamkeit des Systems bei der Reduzierung von schweren Unfällen ist in verschiedenen Studien nachgewiesen [40], [45], [56], [63], [64], [84], [113], [138]. Das ESC ist seit dem Jahr 2014 in neu zugelassenen Fahrzeugen in der Europäischen Union gesetzlich vorgeschrieben [189]. Gleiches gilt in weiteren Ländern wie Australien und den Vereinigten Staaten von Amerika [137], [143]. Aus diesem Grund ist das Bremsregelsystem für alle angebotenen Fahrzeugvarianten im Entwicklungsprozess zu berücksichtigen. Als weitere aktive Fahrwerkregelsysteme sind beispielsweise das Aktivfahrwerk (AF), die Dämpferregelung oder die Hinterachslenkung (HAL) zu nennen. Diese Systeme haben einen Einfluss auf das fahrdynamische Verhalten des Fahrzeugs in weitreichenden Betriebsbereichen, sodass Wechselwirkungen mit dem zuvor genannten Bremsregelsystem vorhanden sind.

Die vollständige Entwicklung basierend auf physischen Fahrzeugprototypen ist mit großen Aufwänden und Kosten verbunden. Dieser Umstand gilt insbesondere bei der Notwendigkeit von Eigenschaftsänderungen von Komponenten wie der Achskinematik oder der Reifeneigenschaften [26], [176], [200]. Darüber hinaus ist die Verfügbarkeit der physischen Versuchsträger sowohl hinsichtlich des Zeitpunkts der Erstnutzung als auch der Anzahl der gleichzeitigen Nutzer begrenzt [203]. Es entstehen allein durch verschiedene Antriebsvarianten und Elektrifizierungsgrade, die Kombinationsmöglichkeiten verschiedener Fahrwerkregelsysteme sowie unterschiedliche Bereifungen eine hohe Anzahl an Varianten, die nicht allesamt anhand eines physischen Fahrzeugs entwickelbar sind. Weiterhin erschweren die beschriebene Komplexität und die vorhandenen Wechselwirkungen der Fahrzeugkomponenten das Erfassen aller Effekte. Damit ist die Abschätzung, welche Fahrzeugvarianten für die Entwicklung zu fokussieren sind, mit Unsicherheiten behaftet.

Die vermehrte Nutzung von Simulationen eröffnet neue Möglichkeiten bei der Fahrzeugentwicklung und begegnet einer Vielzahl der benannten Schwierigkeiten. Neben frühen Produktentscheidungen sind die verschiedenen Varianten schneller und flexibler über unterschiedliche Bedatungen der Modelle aufzubauen und zu vergleichen. Die Simulation stellt alle Signalpfade zur Verfügung, sodass die Analyse der physikalischen Effekte bis auf die Bauteilebene möglich ist. Darüber hinaus sind die Unterschiede reproduzierbar abbildbar und auch neue Untersuchungs- und Analysemethoden anzuwenden [122]. Damit wird die Beherrschung der Komplexität und der Fahrzeugvarianz durch die strukturierte und durchgängige Entwicklung der Fahrzeugprojekte unterstützt bzw. erst ermöglicht. Gleichzeitig besteht die Möglichkeit, die Produktqualität zu erhöhen und die Entwicklungszeiten zu reduzieren [178]. Dennoch bleibt die Nutzung physischer Versuchsträger unabdingbar, wobei die virtuellen Methoden einen wichtigen Teil des Entwicklungsprozesses darstellen. Zu nennen sind beispielsweise die Identifikation der aufzubauenden Varianten oder reproduzierbare Einflussanalysen. Außerdem wird basierend auf einem homologierten physischen Fahrzeug gesetzlich die Möglichkeit eingeräumt, weitere Varianten virtuell freizugeben [189].

Zur Sicherstellung einer hohen Produktqualität im Kontext der beschriebenen Randbedingungen ist folglich der Einsatz eines durchgängigen und virtuellen Entwicklungsprozesses notwendig. Dieser ermöglicht die zielgerichtete Entwicklung der Fahrzeuge unter Berücksichtigung der gesamten Fahrzeugvarianz und der hohen Produktkomplexität.

1.2 Zielsetzung

Die beschriebenen vielschichtigen Rahmenbedingungen der Fahrzeugentwicklung erfordern den verstärkten Einsatz virtueller Methoden eingebettet in einen durchgängigen Entwicklungsprozess. Dieser stellt die Basis für die strukturierte Eigenschaftsentwicklung von Fahrzeugen mit Bremsregelsystem dar. Im Rahmen der Arbeit ist erstmals ein solcher Entwicklungsprozess mit dem speziellen Fokus auf dem Zusammenwirken von Fahrzeug und dem Bremsregelsystem zu entwerfen. Dabei sind aufbauend auf dem etablierten Vorgehen nach dem V-Modell die notwendigen Anpassungen und die methodischen Bestandteile des Entwicklungsprozesses aufzuzeigen, um die durchgängige Eigenschaftsentwicklung zu ermöglichen (Ziel Z_1).

Der zuvor beschriebene Gesichtspunkt, entscheidende Entwicklungsschritte zu virtualisieren, erfordert eine entsprechende Simulationsumgebung. Daraus ergibt sich das Ziel, eine modulare Simulationsumgebung aufzubauen, die die Simulation der gesamten Fahrzeugvarianz auch unter der Berücksichtigung von wechselwirkenden Fahrwerkregelsystemen ermöglicht (Ziel Z_2). Im Gegensatz zu den bisher vorwiegend verwendeten Hardware-in-the-Loop (HiL)-Umgebungen ist das Ziel der Arbeit der Einsatz einer reinen Software-in-the-Loop (SiL)-Umgebung ohne physische Komponenten. Die Güte der Simulation wird dabei mithilfe der entsprechenden Normen bewertet.

Der Entwicklungsprozess gemäß dem V-Modell erfordert als Eingangsgröße Eigenschaftsziele auf der Gesamtfahrzeugebene, die in Form von objektiven Kennwerten vorliegen. Die Definition dieser objektiven Bewertungskriterien wird als Objektivierung bezeichnet. Die Definition einer generischen Methode zur Objektivierung der Eigenschaften von Fahrzeugen mit Bremsregelsystem stellt eine Forschungslücke dar, die in dieser Arbeit mit dem Ziel Z_3 adressiert wird. Die Methode besteht dabei aus drei Bestandteilen.

Durch die Verkürzung der Entwicklungszyklen und die Erhöhung der Fahrzeugvarianz steigt die Relevanz der Konzeptphase im Entwicklungsprozess stetig. Da in dieser Projektphase gewöhnlich kein zum Fahrzeug passendes Bremsregelsystem vorhanden ist, kommt der Kenntnis über die Zusammenhänge zwischen dem Grundfahrzeug ohne das Bremsregelsystem und dem Serienfahrzeug mit dem Bremsregelsystem eine hohe Bedeutung zu, die bisher nicht untersucht ist. Daraus folgt für die vorliegende Arbeit das Ziel, ein Vorgehen aufzuzeigen, die Zusammenhänge zwischen den benannten Projektphasen und damit zwischen dem Grundfahrzeug und dem geregelten Fahrzeug herzustellen (Ziel Z_{31}). Damit wird die Möglichkeit eröffnet, im Entwicklungsprozess frühzeitig kritische Varianten zu identifizieren oder den Aufbau physischer Prototypen begründet abzuleiten. Das Kriterium zur Erfüllung dieses Ziels ist die Definition eines Fahrmanövers mit objektiven Bewertungskriterien.

Der Prozess der Abstimmung und Entwicklung von Fahrzeugen mit Bremsregelsystem ist stark von der Abhängigkeit von physischen Prototypen und subjektiven Bewertungen geprägt. Zwei entscheidende Probleme an diesem konventionellen Vorgehen sind unter anderem das personengebundene Wissen und die fehlende Zugänglichkeit für Simulationsrechnungen, die aus wissenschaftlicher Sicht bisher nicht aufgelöst ist. Aus diesem Grund ist in dieser Arbeit als zweiter Bestandteil der übergeordneten Methode zur Objektivierung eine Methode zur objektiven Bewertung von Fahrzeugen mit Bremsregelsystem zu entwerfen, wobei die Ausgangsbasis die im Abstimmungsprozess wichtigen closed-loop Manöver mit subjektiver Beurteilung darstellen (Ziel Z_{32}). Dieses Ziel ist erfüllt, wenn die Methode Bewertungskriterien liefert, die eine Korrelation mit der subjektiven Bewertung der Experten aufweisen.

Die Definition von objektiven Bewertungskriterien für closed-loop Manöver erlaubt grundsätzlich die Bewertung des Fahrverhaltens mithilfe von Simulationsrechnungen. Die dabei auftretende Schwierigkeit ist jedoch die Notwendigkeit eines Fahrerreglers und damit weiterführend auch die Abhängigkeit des Fahrverhaltens vom verwendeten Regler. Dieser Konflikt ist in dieser Arbeit aufzulösen, indem ein Vorgehen zu entwerfen ist, ein open-loop Ersatzmanöver zu definieren, das äquivalente Aussagen wie das closed-loop Manöver ermöglicht (Ziel Z_{33}). Dieses Vorgehen wird angewendet, um erstmalig systematisch und begründet einen Zusammenhang zwischen den in Abstimmfahrten von Fahrzeugen mit Bremsregelsystem verwendeten closed-loop Manövern und vergleichbaren open-loop Manövern herzustellen. Dieses Ziel ist erreicht, wenn dieser Teil der Methode ein Fahrmanöver mitsamt den zugehörigen objektiven Bewertungskennwerten definiert.

Die Applikation und die Absicherung der Fahrzeugeigenschaften bilden den Abschluss des Entwicklungsprozesses. Zur Beherrschung der beschriebenen Produktkomplexität und gleichzeitig hoher Fahrzeugvarianz bietet der Einsatz von statistischen Untersuchungsmethoden einen großen Mehrwert. Durch die Anwendung von Sensitivitätsanalysen sind die Abhängigkeiten zwischen Fahrzeugparametern bzw. Applikationsparametern und dem objektiv erfassten Fahrzeugverhalten quantifizierbar. Damit wird das gezielte Einstellen der Fahrzeugeigenschaften, aber auch die Betrachtung der Robustheit oder die Bewertung von Änderungen oder Varianten der Fahrzeuge möglich. In Anbetracht der aus wissenschaftlicher Sicht unzureichend erforschten Zusammenhänge zwischen Fahrzeugparametern bzw. Applikationsparametern und dem Fahrzeugverhalten unter dem Einfluss des Bremsregelsystems sind ein strukturiertes Vorgehen für deren Analyse zu definieren und die entsprechenden Untersuchungsmethoden auszuwählen und anzuwenden (Ziel Z_4). Dieses Ziel ist erreicht, wenn das Vorgehen eine quantitative Einstufung der Fahrzeug- und Funktionsparameter hinsichtlich ihres Einflusses auf das objektiv bewertete Fahrzeugverhalten ermöglicht.

Abschließend ist der Praxisnutzen des Prozesses mitsamt den integrierten Methoden zur durchgängigen virtuellen Eigenschaftsentwicklung von Fahrzeugen mit Bremsregelsystem aufzuzeigen und nachzuweisen. Dazu sind die in der vorliegenden Arbeit entwickelten Methoden exemplarisch auf ein Fahrzeugprojekt anzuwenden und ihre Leistungsfähigkeit zu bewerten (Ziel Z_5).

1.3 Aufbau der Arbeit

Aus der in Kapitel 1.2 erläuterten Zielsetzung folgt der Aufbau der Arbeit. Dieser ist schematisch in Abbildung 1.1 dargestellt. Die Einleitung motiviert die Arbeit und stellt ihre grundlegende Thematik dar. Darauf aufbauend wird in Kapitel 2 der Stand der Technik aufgezeigt. In diesem werden die Publikationen vorgestellt, die mit dem thematischen Kern dieser Arbeit in Zusammenhang stehen. Aus der Analyse des Stands der Technik werden die Ziele der Arbeit hinsichtlich des wissenschaftlichen Forschungsbedarfs konkretisiert, der die Basis für die anschließende Methodenentwicklung darstellt.

Die Methodenentwicklung ist in den Kapiteln 3, 4 und 5 aufgezeigt. Dabei beschreibt Kapitel 3 aufbauend auf dem Literaturüberblick einen durchgängigen Entwicklungsprozess, der die zielgerichtete und durchgängige Entwicklung von Fahrzeugen mit Bremsregelsystem basierend auf objektiv definierten Fahrzeugeigenschaftszielen ermöglicht. In diesem Zusammenhang wird die verwendete Simulationsumgebung vorgestellt und validiert. Die Umgebung stellt zum einen die Basis für weitere Ergebnisse der Arbeit dar und ermöglicht zum anderen die virtuelle Entwicklung gemäß dem definierten Entwicklungsprozess.

Der vorgestellte Entwicklungsprozess erfordert die Durchführung einer Objektivierung der Fahrzeugeigenschaften. Diese ist in Kapitel 4 beschrieben, wobei ein generischer Prozess vorgestellt wird. Dieser beschreibt die Definition von

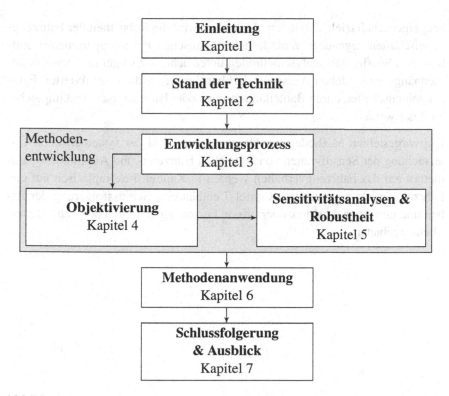

Abbildung 1.1: Aufbau der Arbeit

objektiven Bewertungskriterien, die die subjektive Bewertung der Experten widerspiegeln. Außerdem wird die Prognose des Fahrzeugverhaltens ausgehend vom Fahrzeug ohne Bremsregelsystem und Eliminierung des Fahrereinflusses aus dem Bewertungsprozess adressiert. Die Methode wird auf ein im Applikationsprozess relevantes Fahrmanöver angewendet.

Die im Rahmen der Objektivierung definierten objektiven Kennwerte werden in Kapitel 5 zur Anwendung von Sensitivitätsanalysen (SA) verwendet. In diesem Kapitel wird zunächst ein Vorgehen definiert, wie etablierte Methoden zur Sensitivitätsanalyse für die durchzuführenden Untersuchungen eingesetzt werden. Dabei wird analysiert, welche Applikationsparameter den größten Stellhebel für die Beeinflussung des Fahrzeugverhaltens gemäß den festgelegten Fahr-

zeugeigenschaftsziele darstellen. Außerdem wird die Robustheit der Fahrzeugeigenschaften gegenüber veränderlichen statischen Fahrzeugparametern mithilfe von Sensitivitätsanalysemethoden untersucht. Die so gefundenen Zusammenhänge ermöglichen Aussagen darüber, inwiefern die objektivierten Fahrzeugeigenschaften durch Bauteiländerungen oder Parameterschwankungen beeinflusst werden.

Die vorgestellten Methoden der Objektivierung und der systematischen Untersuchung der Sensitivitäten von statischen Fahrzeug- und Applikationsparametern auf das Fahrzeugverhalten werden in Kapitel 6 exemplarisch auf ein
Fahrzeugprojekt angewendet. Kapitel 7 enthält eine Schlussfolgerung der Arbeit und gibt einen Ausblick über offene Forschungsfragen in den behandelten
Themengebieten.

2 Stand der Technik

Dieses Kapitel zeigt den Stand der Technik der mit dieser Arbeit verwandten Themen auf. Dabei werden zunächst Entwicklungsprozesse im Kontext der Fahrzeugentwicklung dargestellt und eingeordnet. Daran anschließend wird ein Überblick über die Themenfelder der Fahrdynamikbewertung und der Anwendung von virtuellen Methoden für die Entwicklung von Fahrzeugen mit Bremsregelsystem gegeben. Abschließend wird der Einsatz statistischer Untersuchungsmethoden in der Fahrzeugentwicklung vorgestellt.

2.1 Durchgängiger Entwicklungsprozess in der Fahrzeugentwicklung

Um der Komplexität heutiger Fahrzeugprojekte zu begegnen, ist die Einhaltung von spezifischen Fahrzeugentwicklungsprozessen notwendig. Diese legen bestimmte Abfolgen und Schritte fest, um ausgehend von definierten Entwicklungszielen das endgültige Produkt zu erhalten. Aufgrund des fortschreitenden Wandels der Entwicklung basierend auf physischen Versuchsträgern hin zu Simulationsrechnungen ist eine Anforderung an den Entwicklungsprozess, dass er den Einsatz von virtuellen Methoden unterstützt. Dabei ist ein Ziel die Durchgängigkeit im gesamten Entwicklungsprozess [136]. Die Durchgängigkeit bezeichnet dabei die Entwicklung basierend auf den definierten Eigenschaftszielen und spezifizierten Anforderungen.

Zur Sicherstellung dieser Durchgängigkeit ist das V-Modell in der Entwicklung von Fahrzeugen etabliert [57], [120], [178], [195], [200], [203]. Ursprünglich entstammt das V-Modell der Softwareentwicklung und ist erstmalig von BOEHM vorgeschlagen [17]. Die Norm VDI 2206 definiert das V-Modell als Standard für die Entwicklung mechatronischer Systeme [190]. Eine weitere verbreitete Anwendung des V-Modells ist in der Norm der Funktionalen Sicherheit ISO 26262 beschrieben [95].

Namensgebend für das V-Modell ist die Struktur der Darstellung. Der linke Ast bezeichnet die Spezifikation und der rechte Ast die Integration [155]. Die beiden Äste sind am unteren Ende verbunden, dieser Bereich beschreibt die Implementierung. Kennzeichnend für das V-Modell ist die Untergliederung der Entwicklungsaufgabe in unterschiedliche Granularität. Die oberste Ebene ist die Gesamtfahrzeugebene, auf der die Eigenschaftsziele für das Fahrzeug definiert werden. Davon ausgehend werden Ziele für die System- und die Komponentenebene abgeleitet bzw. spezifiziert. Dieser Prozess wird auch als Target Cascading bezeichnet [16], [107], [126], [127]. WAGNER zeigt dieses Vorgehen entlang der V-Modells beispielsweise in [196].

Auch aktive Fahrzeugkomponenten werden unter Zuhilfenahme des V-Modells entwickelt. BENDER beschreibt das 3-Ebenen-Vorgehensmodell zur Entwicklung mechatronischer Produkte [15]. Dieses Vorgehensmodell wird von SCHARFENBAUM erweitert, indem er dem Modell die Funktionsebene hinzufügt [172]. Diese Erweiterung bietet die Basis für die systematische Integration von Fahrwerkregelsystemen in den Entwicklungsprozess. Dabei werden Anforderungen an die zu entwickelnden Fahrwerkregelsysteme spezifiziert und begründet eine sinnvolle Paketierung der Systeme abgeleitet. In [65] und [67] werden spezifische Anpassungen des Vorgehensmodells nach SCHARFENBAUM zur Entwicklung von Fahrzeugen mit Bremsregelsystem aufgezeigt. Diese Darstellungen entsprechen Vorarbeiten von Teilen der vorliegenden Arbeit. BRAUNHOLZ beschreibt einen detaillierten Prozess, wie die Entwicklung und Abstimmung von Fahrwerkregelsystemen auf Basis von zuvor festgelegten Fahrzeugeigenschaftszielen erfolgt und orientiert sich dabei ebenfalls am V-Modell mit der Funktionsebene [24].

Die auf dem V-Modell basierenden Entwicklungsprozesse weisen Verbindungen zum Model-based Systems Engineering auf. Die Zusammenhänge werden von MAUERER et al. in [120] und von WINNER et al. in [203] aufgezeigt. Aufgrund der benannten Verwandtschaft werden das Model-based Systems Engineering und der durchgängige Entwicklungsprozess nach dem V-Modell in vielen Veröffentlichungen als zusammenhängend betrachtet. Die allgemeinen Grundsätze des Model-based Systems Engineerings sind beispielsweise [19] und [149] zu entnehmen. Die Grundlage stellt die Nutzung von Modellen zur Durchführung und Dokumentation des Entwicklungsprozesses dar. Darüber hinaus werden unterschiedliche Stufen der Granularität betrachtet, was mit dem Vorgehen im V-Modell vergleichbar ist.

2.2 Fahrdynamikbewertung

2.2.1 Subjektive und objektive Bewertung

Dieser Abschnitt zeigt zunächst die grundlegenden Unterschiede zwischen der subjektiven und der objektiven Fahrdynamikbewertung auf. Darauf aufbauend werden Arbeiten über die objektive Bewertung von Fahrzeugen mit Bremsregelsystem vorgestellt.

Die subjektive Bewertung von Fahrzeugen basiert auf den Einschätzungen der Fahrer. Für die Beurteilung von Fahrzeugen mit Bremsregelsystem ist die Beherrschung und die Bewertung des Fahrzeugs im fahrdynamischen Grenzbereich erforderlich. Aus diesem Grund erfolgt die Bewertung in diesem Anwendungsfall durch geschulte Experten bzw. Versuchsingenieure. Die Basis für die subjektive Bewertung bilden Fahrmanöver, in denen die Versuchsfahrer das Fahrzeugverhalten bewerten. Trotz der zunehmenden Digitalisierung des Entwicklungsprozesses stellt die subjektive Bewertung des Fahrzeugverhaltens auch noch heute ein elementares Element der Fahrzeugentwicklung dar [148].

Bei der Entwicklung von Fahrzeugen mit Bremsregelsystem und der Abstimmung des Bremsregelsystems stellt die subjektive Abstimmung in Fahrversuchen einen wichtigen Bestandteil des Entwicklungsprozesses dar [118]. Die erzielten Fahrzeugeigenschaften unterscheiden sich dabei aufgrund der individuellen Philosophien der Entwickler [38], [70], [73]. Dennoch besteht auch bei der subjektiven Bewertung die Möglichkeit, diese mithilfe von Messungen zu unterstützen. Die subjektive Bewertung erfordert stets einen Menschen, der mit dem Fahrzeug interagiert. Dies erschwert den Einsatz von Simulationen, da dafür ein Fahrerregler erforderlich ist, der neben den Fahrervorgaben auch die Empfindungen des Fahrers nachbildet. Dieser Umstand erhöht die Anforderungen an die Simulationsumgebung. Ein Mittel zur Annäherung von Simulation und subjektiver Bewertung durch Versuchsfahrer stellen Fahrsimulatoren dar, die heute in verschiedenen Komplexitätsstufen verfügbar und etabliert sind [26].

Eine alternative zum subjektiven Bewertungsprozess ist die objektive Bewertung des Fahrzeugverhaltens, die auf der Betrachtung von objektiven physikalischen Größen basiert. Diese werden im Fahrversuch gemessen oder mithilfe von Simulationsrechnungen ermittelt [46]. Die objektive Bewertung verzichtet auf die Berücksichtigung des subjektiven Eindrucks des Versuchsfahrers. Jedoch besteht weiterhin die Möglichkeit, dass die Fahrversuche durch menschliche Fahrer durchgeführt werden. Die objektive Bewertung von Fahrversuchen erfordert die Objektivierung der jeweiligen Fahrzeugeigenschaft, wobei Bestrebungen zur Objektivierung bereits seit mehreren Jahrzehnten bestehen wie [160] zeigt. Diese hat nach ABEL das Ziel, verschiedene Fahrsituationen eines Fahrzeugs durch reproduzierbare Manöver abzubilden [1]. Es existieren verschiedenen Untersuchungen, die sich mit der Korrelation von subjektiven Bewertungen und objektiven Kennwerten befassen [10], [38], [46], [52], [66], [79], [109], [117], [157], [173]. Der Literaturüberblick zu diesem Themenbereich erfolgt speziell für Fahrzeuge mit Bremsregelsystem in Kapitel 2.2.1. Die Identifikation einer solchen Korrelation zwischen den subjektiven und objektiven Bewertungen ermöglicht die Untersuchung des Fahrzeugverhaltens bereits in der frühen Entwicklungsphase ohne den Einsatz physischer Prototypen [117]. Darüber hinaus begegnet die Virtualisierung der Testverfahren mehreren Nachteilen der physischen Tests, die als ineffizient und teuer betrachtet werden und gleichzeitig einen Mangel an Reproduzierbarkeit aufweisen [43], [78].

Nachfolgend wird ein Überblick über die Arbeiten zur objektiven Bewertung der Eigenschaften von Fahrzeugen mit Bremsregelsystem gegeben. Dabei werden sowohl open-loop als auch closed-loop Manöver betrachtet. Die Normen zur Homologation von Fahrzeugen mit Bremsregelsystem in den Vereinigten Staaten von Amerika und der Europäischen Union definieren Kennwerte für die objektive Bewertung des Fahrzeugverhaltens [137], [189]. Die Normen unterscheiden sich lediglich im Detail und definieren das open-loop Manöver Sinus mit Haltezeit. Dieses ist in Abbildung 2.1 in Form des normierten Lenkradwinkels δ_L über der Zeit t dargestellt. Der Lenkradwinkelverlauf entspricht dabei einer Sinuskurve mit einer Frequenz von 0,7 Hz und einer Verweildauer von 500 ms auf dem zweiten Maximum. Die Lenkradwinkelamplitude wird in einem Vorversuch ermittelt und über den Versuch sukzessive um vorgeschriebene Inkremente mit je zwei Wiederholungen erhöht. Im letzten Durchlauf liegt der Lenkradwinkel dabei zwischen 270° und 300° und die Fahrzeuggeschwindigkeit beträgt 80 km/h.

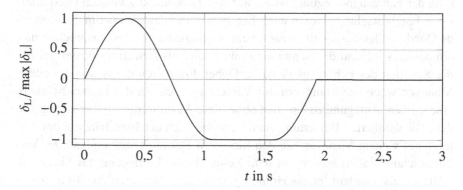

Abbildung 2.1: Definition des Manövers Sinus mit Haltezeit, in Anlehnung an [137] und [189]

Auf der Basis dieses Manövers werden Kriterien für die Fahrzeugstabilität und das Ansprechverhalten definiert. Die Stabilität wird über den Quotienten aus der Gierrate zu bestimmten Zeitpunkten und der maximal auftretenden Gierrate beschrieben. Die Zeitpunkte sind 1 s und 1,75 s nach dem Ende der Lenkradwinkeleingabe. Die Quotienten dürfen die Werte 35 % bzw. 20 % nicht übersteigen, um die Anforderungen der Normen zu erfüllen. Das Ansprechverhalten des Fahrzeugs wird über den erreichten Querversatz zum Zeitpunkt 1,07 s nach Beginn der Lenkradwinkeleingabe definiert. Der Versatz hat mehr als 1,83 m zu betragen. Die Grundlagen für die Festlegung dieser Kennwerte stellen statistische Untersuchungen von verschiedenen Fahrzeugen dar und sind in [68] näher beschrieben. Die Kriterien werden beispielsweise von Kwon et al. im Rahmen einer Sensitivitätsanalyse verwendet.

Fach et al. stellen die Bewertung der Querdynamik eines Fahrzeugs mit Bremsregelsystem ausgehend von der subjektiven und objektiven Bewertung eines Spurwechselmanövers dar [61]. Dabei wird beschrieben, dass eine vergleichbare Bewertung zum benannten closed-loop Manöver durch einen Lenkradwinkelimpuls möglich sei. Dieser ermögliche eine starke und breitbandige Anregung der Querdynamik des Fahrzeugs. Dadurch entstehe eine Fahrzeugreaktion, die die Beurteilung des Reglerverhaltens ermögliche. Dabei erfolgt die Einteilung des Manövers in zwei Phasen. In der ersten Phase zeige das Fahrzeug eine Gierreaktion und in der anschließenden Phase erfolge die Stabilisierung der Fahrzeugbewegung, wobei auf den Zielkonflikt zwischen Gierreaktion und Stabilität hingewiesen wird. Die Autoren stellen die maximal auftretende Querbeschleunigung eines Fahrzeugs als Indikator für das Ansprechverhalten dar. Das Integral des Schwimmwinkels wird als Bewertungskriterium für die Stabilität des Fahrzeugs benannt. Dabei diskutieren die Autoren weitere Manöver, wobei sie Manövern mit Vorzeichenwechseln des Lenkradwinkels eine stärkere Anregung zusprechen ohne diese Ausführungen näher zu begründen. Die definierten Bewertungsmetriken sind nach der Einschätzung der Autoren auf weitere Manöver wie den Sinus mit Haltezeit übertragbar. Die Veröffentlichung datiert jedoch vor dem Zeitpunkt der Festlegung des Sinus mit Haltezeit als Standard für die Homologation von Fahrzeugen mit Bremsregelsystem durch die entsprechenden Normen [137], [189]. Abschließend nennen die Autoren, dass eine vollständige Bewertung der Effektivität des Bremsregelsystems mithilfe eines spezifischen Manövers aufgrund der vorhandenen Komplexität nicht mögliche erscheine.

Neben der Arbeit von FACH befassen sich verschiedene weitere Veröffentlichungen mit der Fahrdynamikgröße Schwimmwinkel zur Beurteilung der Fahrzeugstabilität. In der Arbeit von BEIKER werden je nach Untersuchungsschwerpunkt unterschiedliche Kriterien auf der Basis des Schwimmwinkels benannt [11], [12]. Für die Kategorie Handling ist dabei neben anderen Kriterien der maximale Schwimmwinkel zu nennen. SVENSON beschreibt in [183] verschiedene Manöver und deren Bewertung zur Untersuchung des Einflusses von Fahrwerkregelsystemen auf das Fahrzeugverhalten. Auf der Basis eines Lenkradwinkelsprungs und einer dynamischen Lenkradwinkeleingabe mit Vorzeichenumkehr wird die Betrachtung des Schwimmwinkels und dessen Änderungsrate als Maß für die Stabilität beschrieben. Dabei wird dem Schwimmwinkel an der Hinterachse ein höherer Zusammenhang mit der Stabilität zugeschrieben als dem Schwimmwinkel im Schwerpunkt. Die Agilität des Fahrzeugs werde über die maximale Querbeschleunigung ausgedrückt. WEY et al. definieren das Integral des Schwimmwinkels als Kennwert zu Beschreibung der Fahrzeugstabilität [201]. Das der Berechnung zugrunde liegende Manöver ist ein

Sinuslenken mit ansteigender Amplitude und es wird der Schwimmwinkel im Schwerpunkt des Fahrzeugs betrachtet. Auch diese Veröffentlichung nennt die maximale Querbeschleunigung als Maß für die Agilität des Fahrzeugs. Aufbauend auf WEY et al. definiert VON VIETINGHOFF den Quotienten aus maximalem Schwimmwinkel und maximaler Querbeschleunigung als Maßzahl für die Stabilität [193]. Außerdem wird der Quotient aus den Integralen der beiden Fahrdynamikgrößen als Stabilitätskriterium definiert.

GERDES et al. definieren weitere Kriterien für das Ansprechverhalten und die Stabilität des Fahrzeugs [70]. Das Ziel ist dabei, das Fahrzeugverhalten im fahrdynamischen Grenzbereich mit entsprechenden Manövern objektiv und quantitativ zu beschreiben. Dabei unterstreichen die Autoren die Wichtigkeit von reproduzierbaren Lenkradwinkelanregungen, weshalb sie ihre Kriterien auf einem open-loop Manöver aufbauen. Dabei wird ein Manöver betrachtet, das bezugnehmend auf [58] als „Increasing Sine Steer" bezeichnet und als ähnlich zum Sinus mit Haltezeit eingestuft wird. Dieses ist in Abbildung 2.2 in Form des normierten Lenkradwinkels δ_L über der Zeit t dargestellt. Es besteht aus der Halbwelle einer Sinusfunktion verbunden mit einer weiteren Halbwelle, die eine um den Faktor 1,3 erhöhte Amplitude und Periodendauer aufweist. Das Manöver zeichne sich durch eine starke Fahrzeuganregung, eine geringe Komplexität und eine hohe Praxisrelevanz aufgrund der Ähnlichkeit zum einfachen Spurwechsel aus.

Die Lenkradwinkelamplitude wird dabei mithilfe eines Vormanövers bestimmt und über den Versuch in diskreten Schritten erhöht. Das Manöver wird bei den Frequenzen 0,5 Hz, 0,6 Hz und 0,7 Hz durchgeführt, wobei die Abbildung 2.2 exemplarisch nur den Verlauf für die Grundfrequenz $f = 0,7$ Hz zeigt. Das Stabilitätskriterium wird als zeitliches Integral des Schräglaufwinkels an der Hinterachse oberhalb eines Referenzwinkels aus dem vorherigen Kalibrationsversuch definiert. Der Referenzwinkel wird dabei als Achsschräglaufwinkel festgelegt, bei dem die Steigung im Diagramm der Querbeschleunigung a_y aufgetragen über dem Schräglaufwinkel an der Hinterachse α_{HA} auf 10 % der Anfangssteigung abfällt. Dieser Zusammenhang ist im rechten Teil von Abbildung 2.2 dargestellt. Die Größe $k_{\alpha,0}$ beschreibt die Steigung der Kurve im Ursprung. Dabei ist die Abszisse auf den Winkel $\alpha_{HA,k_{\alpha,0}/10}$ normiert, bei dem die Steigung 10 % der Anfangssteigung beträgt. GERDES et al. definieren weiterhin ein Kriterium für das Ansprechverhalten des Fahrzeugs. Dabei wird das

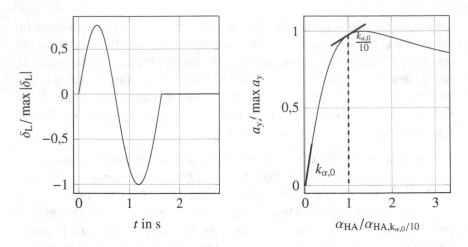

Abbildung 2.2: Definition des Manövers „Increasing Sine Steer", in Anlehnung an [58]

beschriebene Stabilitätskriterium auf die Vorder- und die Hinterachse angewendet und die Differenz gebildet. Damit sei außerdem die Abschätzung des Eigenlenkverhaltens des Fahrzeugs möglich. Bei der Anwendung der Kriterien wird das Manöver mit schrittweise ansteigender Amplitude durchgeführt und die Kriterien über der Amplitude aufgetragen. Die Zunahme der Kennwerte über der ansteigenden Amplitude stelle ein weiteres Maß für das Fahrzeugverhalten dar. Die Autoren beschreiben eine gute Übereinstimmung der definierten Kennwerte mit der subjektiven Einschätzung der beteiligten Experten. Die beschriebenen Kennwerte werden auch in [116] als Bewertungsgrundlage verwendet.

MÜLLER-BESSLER et al. zeigen in [135] die Modellierung eines Fahrers. Ihr Ziel ist dabei die Nachbildung eines „Durchschnittsfahrers" zur Durchführung von Fahrversuchen. Der entworfene Algorithmus besteht aus einer Vorsteuerung sowie einer zusätzlichen Regelung und wird in Verbindung mit einem Lenkroboter im Fahrzeug genutzt. Der beschriebene Aufbau ermögliche die objektive und reproduzierbare Fahrzeugbewertung. Das betrachtete Manöver ist der doppelte Spurwechsel und die maximale Geschwindigkeit des Fahrzeugs wird als Bewertungskriterium herangezogen. Die Autoren zeigen die Übereinstimmung zwischen dem verwendeten Fahrermodell und dem definierten „Durch-schnittsfahrer" auf.

DECKER definiert in [46] Kriterien zur Bewertung des closed-loop Manövers doppelter Spurwechsel. Dabei wird das Manöver in verschiedene Phasen un-terteilt und im jeweiligen Bereich werden charakteristische Kennwerte ermit-telt. Dabei sind im Detail Zeitverzüge, mittlere Gradienten, Extremwerte und Integrale zu nennen. Die untersuchten Signale sind der Lenkradwinkel, das Handmoment, die Gierrate und die Querbeschleunigung. Die Auswertungen ergeben, dass das Lenkradwinkelmaximum sowie der mittlere Gradient zu ei-ner definierten Phase des Manövers Korrelationen zur subjektiven Einschät-zung aufweisen. Dabei gelte, dass kleine Lenkradwinkelamplituden mit hö-heren subjektiven Bewertungen einhergehen. MEYER-TUVE hingegen erachtet den doppelten Spurwechsel nach der ISO 3888-2 als nicht geeignet für ei-ne Objektivierung, da die Anregung des Fahrzeugs von der Lenkstrategie des Fahrers abhänge und nach [150] zumeist nur ein geringes Frequenzspektrum umfasse [125]. In [66] wird ein Vorgehen zur Objektivierung von Fahrzeugen mit Bremsregelsystem vorgestellt und objektive Kennwerte zur Bewertung ei-nes Spurwechselmanövers definiert. Die dort beschriebenen Ergebnisse stellen Vorarbeiten der in dieser Arbeit gezeigten Inhalte dar.

2.2.2 Open- und closed-loop Manöver

Bei einem open-loop Manöver werden die Fahrereingaben unabhängig von der auftretenden Fahrzeugreaktion vorgegeben [2], [49], [57]. Es findet somit eine Steuerung ohne Rückführung der Fahrzeugreaktion statt. Beispiele für solche Manöver sind die Lenkradwinkelrampe, der Lenkradwinkelsweep oder der Lenkradwinkelsprung nach [91] und [92]. Für die Untersuchung von Fahr-zeugen mit Bremsregelsystem ist außerdem das Manöver Sinus mit Haltezeit von hoher Relevanz, da es die Grundlage für die Homologation in verschie-denen relevanten Märkten darstellt [137], [189]. Durch die Verwendung von open-loop Manövern wird der Einfluss des Fahrers auf die Bewertungskenn-werte eliminiert, wodurch die reproduzierbare und messbare Bewertung des Fahrzeugverhaltens ermöglicht wird [173]. Damit verfügen open-loop Manö-ver über eine hohe Vergleichbarkeit [124].

Die Fahrereingaben werden bei closed-loop Manövern in Abhängigkeit der Fahrzeugreaktion getätigt, es handelt sich somit um einen Regelkreis. Dies ist beispielsweise beim Nachfahren einer Trajektorie der Fall. Typische closed-loop Manöver sind der doppelte Spurwechsel oder die stationäre Kreisfahrt bei konstantem Radius [90], [92], [96]. Bei diesen Manövern wird der Lenkradwinkel so vorgegeben, dass das Fahrzeug der vorgegebenen Trajektorie bestmöglich folgt.

Der Begriff Regelkreis macht deutlich, dass closed-loop Manöver einen Regler erfordern. Bei Versuchsfahrten wird diese Aufgabe vom Versuchsingenieur als Fahrzeugführer übernommen. Das bedeutet, dass bei diesen Manövern das Verhalten des Gesamtsystems bestehend aus Fahrzeug und Fahrer untersucht wird [46], [57]. Damit findet keine ausschließliche Bewertung des Fahrzeugverhaltens statt. An dieser Stelle wird deutlich, dass die Unterscheidung nach der Art der Lenkradwinkelvorgabe auch Verknüpfungen zur Art der Bewertung aufweist. Bei der Subjektivbewertung durch Versuchsfahrer erzeugen diese durch Lenkradwinkel- und Fahrpedalvorgaben bestimmte Fahrzustände, es handelt sich also um closed-loop Manöver.

In Hinblick auf die Durchführung von Fahrmanövern in der Simulation wird deutlich, dass die Notwendigkeit eines Fahrers bzw. Fahrerreglers eine zusätzliche Schwierigkeit darstellt [21]. Dies ist damit zu begründen, dass der Mensch aus regelungstechnischer Sicht ein komplexes System repräsentiert und seine Modellierung aufwendig und fehleranfällig ist [21], [101], [115]. Des Weiteren ist die Varianz der Fahrer groß, sodass die Abbildung aller unterschiedlichen Typen nicht möglich ist [123], [156]. Ein Ansatz zur Lösung dieser Problematik stell die Definition eines Normalfahrers dar wie er beispielsweise in [97] beschrieben ist.

Zusammenfassend sind open-loop Manöver im Rahmen der Fahrzeugentwicklung also gegenüber closed-loop Manövern vorzuziehen. Sie erlauben die unmittelbare Bewertung des Fahrzeugverhaltens und ermöglichen damit vom Fahrerverhalten unabhängige Empfehlungen für die Fahrzeugauslegung [46]. Dabei ist elementar, dass die open-loop Manöver die Ermittlung von Kennwerten erlauben, die mit dem subjektiven Empfinden der Fahrzeuginsassen in Zusammenhang stehen. Die Wichtigkeit der Experten bleibt trotz der benannten Umstände hoch. Zum einen stellt die Abstimmung durch closed-loop Manöver eine notwendige Ergänzung zu open-loop Manövern dar, um die Möglichkeit zu minimieren, kundenrelevante Fahrsituationen nicht zu berücksichtigen [173]. Zum anderen wird die Objektivierung als solche von Experten durchgeführt, wobei sie ihren Erfahrungsschatz bei der Definition der objektiven Bewertungsgrößen nutzen. Darüber hinaus erscheint eine vollständige Objektivierung aller subjektiv wahrnehmbaren Fahrzeugeigenschaften aufgrund der großen Bandbreite der menschlichen Sinneswahrnehmung und der Komplexität heutiger Fahrzeugprojekte als kaum möglich [57].

2.3 Virtuelle Entwicklung von Fahrzeugen mit Bremsregelsystem

Im Bereich der virtuellen Entwicklung von Fahrzeugen mit Bremsregelsystem sind verschiedene Arbeiten mit unterschiedlichen Schwerpunkten veröffentlicht. Nachfolgend werden die Veröffentlichungen mit einem Bezug zu dieser Arbeit vorgestellt.

HAHN et al. zeigen in [75] auf, wie Simulationen zur Zertifizierung des Bremsregelsystems nach gesetzlichen Vorgaben eingesetzt werden. Dazu wird eine HiL-Umgebung aufgebaut und validiert. Dabei ist das Steuergerät des Bremsregelsystems als physisches Bauteil integriert. Die übrigen Bestandteile des Simulationsmodells sind als virtuelle Komponenten umgesetzt. Die Autoren zeigen die Validität des verwendeten Simulationsmodells und bewerten die Aussagekraft des Modells als vergleichbar mit Fahrzeugtests. Somit sei die Verwendung der Simulationsumgebung zur virtuellen Homologation von Fahrzeugvarianten geeignet.

Ein vergleichbares Vorgehen wird in [116] von LUTZ et al. beschrieben. Dabei wird eine HiL-Simulationsumgebung zur Simulation von Fahrzeugen mit Bremsregelsystem validiert. Die einzige physische Komponente ist dabei das Steuergerät des Bremsregelsystems. Die Umgebung werde unter anderem für die Basisapplikation der Fahrzeuge verwendet. Außerdem wird herausgestellt, dass die Berücksichtigung der Wechselwirkungen verschiedener Fahrwerkregelsysteme wichtig sei. An dieser Veröffentlichung ist auch HOLZMANN beteiligt, der zusätzlich in einer anderen Publikation die Unterstützung der Zertifizierung und der Homologation mithilfe einer HiL-Simulationsumgebung zeigt [85]. Während das Steuergerät im HiL-Prüfstand als Bauteil vorhanden ist, sind die übrigen Komponenten als Simulationsmodelle implementiert.

MAO et al. zeigen in [118] die Anwendung einer Simulationsumgebung, die als SiL ohne physische Bauteile aufgebaut ist. Somit werden sowohl die Fahrdynamik als auch das Steuergerät mitsamt der Hydraulik als virtuelles Bauteil modelliert. Die Autoren beschreiben dabei eine hohe Übereinstimmung zwischen den durchgeführten Simulationsrechnungen und den Messungen aus Fahrversuchen. Die erste Freigabe der Fahrzeuge werde ohne einen physischen Prototyp durchgeführt und die Entwicklungszeit dadurch reduziert.

MONSMA et al. zeigen in [131] auf, wie sie eine HiL-Simulationsumgebung zur Simulation von Fahrzeugen mit Fahrwerkregelsystemen nutzen, wobei auch das Bremsregelsystem berücksichtigt wird. In dem beschriebenen Aufbau sind die Steuergeräte als Hardware integriert. Der Fokus wird auf die Prüfung von Anpassungen der Software gelegt. Auch ROH et al. beschreiben die Entwicklung einer HiL-Umgebung für Fahrzeuge mit Bremsregelsystem, wobei das Steuergerät als physisches Bauteil implementiert ist [100].

Auch im Bereich der Nutzfahrzeugentwicklung werden virtuelle Methoden eingesetzt, um die Entwicklung von Fahrzeugen mit Bremsregelsystem zu unterstützen [87]. HORAK et al. beschreiben dazu den Aufbau einer Simulationsumgebung und die exemplarische Durchführung eines simulationsgestützten Zertifizierungsprozesses. Ein Fokus liegt dabei auf der virtuellen Homologation von Fahrzeugvarianten unter Zuhilfenahme des validierten Simulationsmodells. TUMASOV et al. beschreiben in [188] den Aufbau einer HiL-Umgebung zur Simulation von Nutzfahrzeugen mit Bremsregelsystem. Weitere Beispiele für HiL-Simulationen in diesem Kontext sind [146], [182] und [206].

2.4 Statistische Untersuchungsmethoden in der Fahrzeugentwicklung

2.4.1 Statistische Auswertung von Messdaten

Bei der Aufnahme von Messdaten im Rahmen von Fahrversuchen sind Streuungen über verschiedene Versuchsdurchläufe unvermeidbar [152], [191]. Mithilfe von statistischen Auswertungsmethoden lassen sich eine Vielzahl von Messungen auf statistisch belastbare Ergebnisse synthetisieren. Dabei werden die zufälligen Fehler jedes Versuchs eliminiert. Für die systematischen Fehler ist dies jedoch nicht möglich, da sie in jeder Messung im gleichen Maße auftreten [152].

VIEHOF beschreibt in [191] ein Verfahren zur statistischen Validierung von Fahrdynamiksimulationen. Motiviert durch die in Versuchen mit physischen Prototypen auftretenden Streuungen empfiehlt VIEHOF die wiederholte Durchführung der Versuche. Dabei wird eine Normalverteilung zugrunde gelegt und die Vielzahl der Messungen mithilfe der Betrachtung von Mittelwert und Standardabweichung in ein Vertrauensintervall überführt. VIEHOF empfiehlt dabei aus statistischer Sicht, dass jede betrachtete Konfiguration mindestens dreimal zu vermessen sei. Für die Variante mit der höchsten Relevanz der Validierung wird die Durchführung von zehn bis 15 Versuchsdurchführungen empfohlen. Damit sei das bestmögliche Verhältnis aus Effektivität und Effizienz zu erreichen.

2.4.2 Sensitivitätsanalysen und Robustheitsuntersuchung

In der Fahrzeugentwicklung ist häufig die Kenntnis über den Einfluss von Parametern einer Komponente oder eines Systems auf sein Verhalten von Interesse. In Bezug auf das Fahrzeugverhalten sind dafür Beispiele, wie ein aktives System zu applizieren ist, um bestimmte Eigenschaftskennwerte zu beeinflussen oder welche Auslegungsparameter des Fahrzeugs den größten Einfluss auf dessen Eigenschaften haben. Mit einer Sensitivitätsanalyse wird untersucht, wie die Eingangs- und Ausgangsgrößen eines Modells in Beziehung stehen [164].

Dieses Kapitel gibt einen Überblick über verschiedene Sensitivitätsanalysemethoden und vorhandene Anwendungen in der Fahrzeugentwicklung und verwandten Bereichen. Dabei werden neben den reinen Anwendungsbeispielen einführend die grundlegenden Eigenschaften der mathematischen Verfahren dargestellt. Für die allgemeine Einführung werden zunächst Begriffe eingeführt, deren Kenntnis für die Einordnung der Methoden notwendig ist. Die Definitionen basieren auf [168] und [179].

Aussagen: Die Untersuchungsmethoden werden nach der Art ihrer Aussagen untergliedert, wobei qualitative und quantitative Aussagen unterschieden werden. Qualitative Verfahren ermöglichen die Trennung von Parametern in einflussreich und nicht einflussreich, quantitative Verfahren ermöglichen Aussagen darüber, wie stark sich die Einflussstärke unterscheidet.

Gültigkeitsbereich: Die Untersuchungsmethoden werden nach der Art ihres Gültigkeitsbereichs untergliedert. Dabei werden die Ausprägungen lokal und global differenziert.

Modellan-   Die Untersuchungsmethoden werden nach den Vor-
forderungen: aussetzungen an das zu untersuchende Modell unterschieden. Es existieren Analysemethoden, die nur für bestimmte Modelle, z.B. lineare Modelle, anwendbar sind.

Erfassung von   Die Untersuchungsmethoden werden danach unter-
Wechselwirkungen: schieden, ob sie in der Lage sind Wechselwirkungen zwischen Parametern zu erfassen.

Erfassung von   Eine weitere Unterscheidung der Untersuchungs-
Nichtlinearitäten: methoden ist ihre Eignung zur Untersuchung von Nichtlinearitäten.

Anzahl an   Die Analysemethoden werden nach der maxima-
Parametern: len Anzahl an Parametern unterschieden, für die sie sinnvolle Ergebnisse liefern.

Die Tabelle 2.2 gibt einen Überblick über die Eigenschaften von ausgewählten Methoden zur Sensitivitätsanalyse. Im Einzelnen sind die Elementareffektmethode (EEM), das Iterated Fractional Factorial Design (IFFD) und die varianzbasierte Sensitivitätsanalyse (VBSA) dargestellt. Die Auswahl basiert im Fall der EEM und der VBSA auf ihrer weitreichenden Verbreitung in vielfältigen praktischen Anwendungen und ihrer Verwendung in dieser Arbeit. Das IFFD wird in der vorliegenden Arbeit eingesetzt, wobei seine Besonderheiten vergleichend beispielsweise in [185] aufgeführt sind.

Dabei werden die aufgeführten Methoden hinsichtlich der zuvor eingeführten Gesichtspunkte Aussage, Gültigkeitsbereich, Modellanforderungen, Erfassung von Wechselwirkungen, Erfassung von Nichtlinearitäten und Anzahl an Parametern verglichen. Auf der Basis dieser Übersicht erfolgt im weiteren Verlauf der Arbeit die Auswahl der passenden Untersuchungsmethode für den jeweiligen Einsatzzweck. Die Elementareffektmethode und das Iterated Fractional Factorial Design werden typischerweise für ein Parameterscreening eingesetzt [6], [22], [33], [168], [185]. Dies bezeichnet die Unterteilung der Parameter in einflussreiche und nicht einflussreiche Parameter [166], [168].

Der Einsatz der vorgestellten Methoden ist in weiten Anwendungsbereichen verbreitet, wobei beispielsweise die Umwelttechnik, die Energietechnik, die Sozialwissenschaften oder die Chemie zu nennen sind [69], [76], [80], [134], [139], [167], [169]. Die Anwendungen im Bereich der Fahrzeugtechnik werden nachfolgend aufgezeigt, die Anzahl an entsprechenden Veröffentlichungen ist jedoch kleiner als bei den zuvor genannten Forschungsbereichen.

SCHÄFER beschreibt in [171] die Durchführung einer Sensitivitätsanalyse zur Identifikation von Parametern, die einen maßgeblichen Einfluss auf die Drehmomentgenauigkeit von elektrischen Antriebsmaschinen haben. Dabei wird ein Simulationsmodell der Antriebseinheit aufgebaut und ein Parameterscreening mithilfe der EEM durchgeführt. Im zweiten Durchlauf wird eine VBSA auf das Modell angewendet, um eine Priorisierung der Parametereinflüsse zu bestimmen. Dazu werden die im zuvor durchgeführten Screening als weniger einflussreich identifizierten Parameter als konstant betrachtet. Damit zeigt die Arbeit die grundsätzliche Eignung der aufgeführten Verfahren zur Sensitivitätsanalyse im Rahmen der Fahrzeugtechnik.

Tabelle 2.2: Vergleich der Eigenschaften der Sensitivitätsanalysemethoden
EEM, IFFD und VBSA [163], [166], [177]

Kriterium	EEM	IFFD	VBSA
Aussage	Qualitativ	Qualitativ	Quantitativ
Gültigkeitsbereich	Global	Global	Global
Modellanforderungen	Keine	Keine	Keine
Erfassung von Wechselwirkungen	Ja	Ja	Ja
Erfassung von Nichtlinearitäten	Ja	Ja	Ja
Übliche Anzahl zu untersuchender Parameter	20...100	> 1000	< 20

DETTLAFF wendet Sensitivitätsanalysen an, um den Zielkonflikt zwischen dem
Energieverbrauch und der Leistungsfähigkeit von aktiven Fahrwerkregelsystemen zu analysieren [47]. Dabei finden die EEM und die VBSA Anwendung.
Die Arbeit identifiziert den Einfluss von Applikationsparametern und Modell-
parametern der Fahrwerkregelsysteme auf objektive Kriterien des Energiever-
brauchs und des Fahrzeugverhaltens. In [65] wird die Anwendung von Sensitivitätsanalysen für die Bewertung der Eigenschaften von Fahrzeugen mit
Bremsregelsystem gezeigt. Diese Ergebnisse stellen eine Vorstufe der in dieser Arbeit gezeigten Untersuchungsergebnisse dar.

BRAUNHOLZ zeigt in [24] die Anwendung von Sensitivitätsanalysemethoden im
Kontext der Fahrzeugentwicklung. Auf Basis einer validierten und modularen
Simulationsumgebung erfolgt die Analyse der Fahrwerkregelsysteme exemplarisch für ein Fahrzeugprojekt. Dabei wird die EEM und die VBSA eingesetzt,
um die Einflüsse von Applikationsparametern der Fahrwerkregelsysteme und
von Parametern der Aktoren auf die zuvor definierten Eigenschaftszielwerte
zu untersuchen. Des Weiteren wendet BRAUNHOLZ Konvergenzkriterien an, die
eine Bewertung der Ergebnisgüte im Anwendungsgebiet der Fahrzeugtechnik
ermöglichen. Die dort eingesetzten Kriterien basieren auf den Arbeiten von
EFRON und SARRAZIN nach [54] und [169].

2.4.3 Korrelationsanalyse

Die Korrelation bezeichnet einen Zusammenhang zwischen zwei quantitativen Merkmalen [62], [108], [144]. Im Rahmen der Fahrzeugentwicklung sind die Kenntnisse bestimmter Zusammenhänge im Rahmen verschiedener Anwendungsfälle von Bedeutung. Nachfolgend werden Veröffentlichungen vorgestellt, die in den Kontext dieser Arbeit fallen. Zu nennen sind beispielsweise die Analyse des Zusammenhangs zwischen den Bewertungskennwerten unterschiedlicher Fahrmanöver oder zwischen subjektiven Bewertungen und objektiv erfassten Größen. Dabei wird auf die Themenbereiche Korrelation zwischen subjektiven und objektiven Bewertungen und die Korrelation zwischen verschiedenen Fahrmanövern eingegangen. Korrelationsanalysen sind grundsätzlich auch zur Sensitivitätsanalyse geeignet, dabei jedoch mit Einschränkungen wie der Linearität des Modells verbunden und werden aus diesem Grund nicht in Kapitel 2.4.2 behandelt [177].

DECKER untersucht in [46] der Beurteilung der Querdynamik von Personenkraftwagen. Dabei wird das Manöver doppelter Spurwechsel betrachtet und ein Zusammenhang zwischen der subjektiven Beurteilung und den objektiven Kennwerten hergestellt. Für die Korrelationsrechnung wird die über die Probanden gemittelte subjektive Bewertung verwendet. HARRER beschäftigt sich in [79] mit der Charakterisierung des Lenkgefühls von Fahrzeugen. Dazu führt er Fahrversuche mit Experten durch, wobei objektive Kennwerte aus Messdaten bestimmt und subjektive Evaluationen der Teilnehmenden aufgezeichnet werden. Bei der Untersuchung der objektiven Messdaten werden die Mittelwerte über drei Messwiederholungen verwendet. Die subjektiven Bewertungen werden durch Konfidenzintervalle abgebildet. Die Korrelationsanalyse zwischen den so erhaltenen subjektiven und objektiven Kennwerten wird hinsichtlich des Korrelationskoeffizienten und der statistischen Signifikanz bewertet. Zur Absicherung der Ergebnisse wird der beschriebene Prozess mehrfach für verschiedene Fahrzeugklassen durchgeführt.

SCHIMMEL zeigt in [173] die Entwicklung eines Werkzeugs zur Objektivierung subjektiver Fahreindrücke. Dabei wird ein Modell der menschlichen Empfindung entworfen, das Signale aus physikalischen Fahrzeuggrößen berechnet, die als quasi-empfundene Signale bezeichnet werden. Die mit diesen Signalen ermittelten Kennwerte werden auf Korrelationen mit subjektiven Bewertungen untersucht. SIMMERMACHER befasst sich in [180] mit der objektiven Bewertung von Gierstörungen in Bremsmanövern. Dabei wird vergleichbar zu den zuvor vorgestellten Arbeiten die Korrelation von objektiv erfassbaren Bewegungsgrößen mit subjektiven Beurteilungen von Probanden untersucht. Das dabei eingesetzte Beurteilungsmaß ist der Korrelationskoeffizient nach Pearson.

In [73] untersucht GUTJAHR die objektive Bewertung von querdynamischen Reifeneigenschaften im Gesamtfahrzeugversuch. Im Rahmen dessen identifiziert der Autor objektive Kennwerte, die mit erhobenen Subjektivurteilen in Zusammenhang stehen. Die dabei genutzte Korrelationsuntersuchung betrachtet zur Bewertung des möglichen Zusammenhangs den Korrelationskoeffizienten sowie die Signifikanz der Korrelation. Untersuchungen vergleichbarer Art führt MAIER durch. In [117] wird die Objektivierung der Wahrnehmung von Fahrzeugschwingungen beschrieben. Darauf aufbauend werden Korrelationsanalysen zwischen subjektiven und objektiven Bewertungskriterien durchgeführt und dabei der Korrelationskoeffizient nach Pearson und das Signifikanzniveau bewertet. Weitere Beispiele sind die Untersuchungen von BECKER und REDLICH. Sie stellen unter Anwendung von Korrelationsuntersuchungen Zusammenhänge zwischen subjektiver und objektiver Bewertung im Kontext der Leerlaufgeräuschqualität bzw. Vierradlenkstrategien her [10], [154].

DECKER zeigt in [46] zusätzlich zur Untersuchungen der Korrelation von subjektiven und objektiven Kenngrößen eine Untersuchung der Korrelation von Kennwerten, die aus verschiedenen Fahrmanövern gewonnen werden. Dabei betrachtet der Autor die Fahrmanöver Sinuslenken mit steigender Frequenz, Sinuslenken mit konstanter Frequenz und Amplitude, Sinuslenken mit einer Periode, Lenkradwinkelsprung und Lenkradwinkelrampe aus der Nulllage mit ihren jeweiligen Bewertungskriterien. Mit der Absicht, den minimalen Umfang an Manövern und Kennwerten zu identifizieren, untersucht DECKER die Kennwerte der benannten Manöver auf Korrelationen. CHEN untersucht in [38] den Zusammenhang von subjektiven und objektiven Bewertungen in den Fahrmanövern konstante Kreisfahrt, Lenkradwinkelsprung und Lenkradwinkelimpuls. Dabei wird die Bewertung von acht erfahrenen Fahrern berücksichtigt. Die Auswertungen zeigen dabei, dass die Bewertungen der Probanden für die unterschiedlichen Fragen und die betrachteten Fahrzeugvarianten eine große Varianz zeigen. Dies gelte auch für die Tendenzen, wie eine Fahrzeugvariante relativ zu einer anderen zu bewerten ist. Aufgrund dessen wird die Identifikation der Korrelationen zwischen subjektiven und objektiven Daten nicht gemittelt für alle Teilnehmenden durchführt, sondern der Fokus der Analyse stattdessen auf die einzelnen Fahrer gelegt.

In [109] untersucht KRAFT den Zusammenhang zwischen objektiv erfassbaren Fahrzeuggrößen und der subjektiven Beurteilung sowohl von Experten als auch von Normalfahrern. Für die mathematische Untersuchung werden lineare Korrelationsrechnungen eingesetzt. Die Variation des untersuchten Fahrzeugs erfolgt dabei durch Linearaktoren zwischen den Rädern und der Karosserie, eine variable Lenkübersetzung an der Vorderachse, die Veränderung der Spurwinkel an der Hinterachse und die Variation der Lenkkraftunterstützung. Die betrachteten Eigenschaften des Fahrzeugs sind beispielsweise das Gieren, Nicken und Wanken.

Zusammenfassend wird der Stand der Technik rekapituliert. In der Fahrzeugentwicklung werden verschiedene Entwicklungsprozesse eingesetzt, wobei das V-Modell sowohl für konventionelle Fahrzeuge inklusive deren Fahrzeugkomponenten als auch für Fahrzeuge mit aktiven Fahrwerkregelsystemen etabliert ist. Die Anwendung von virtuellen Methoden für die Entwicklung von Fahrzeugen mit Bremsregelsystem ist ebenfalls in verschiedenen Veröffentlichungen beschrieben. Dabei werden insbesondere die Unterstützung der Homologation und der Zulassung benannt. Den Publikationen ist gemein, dass sie keinen durchgängigen Entwicklungsprozess basierend auf Gesamtfahrzeugeigenschaftszielen aufzeigen. Die systematische Entwicklung von Fahrzeugen mit Bremsregelsystem im Rahmen eines durchgängigen virtuellen Entwicklungsprozesses stellt eine Forschungslücke dar, die in dieser Arbeit durch die Definition eines entsprechenden Entwicklungsprozesses orientiert am V-Modell mitsamt der Entwicklung der notwendigen Methoden adressiert wird.

Der Einsatz des V-Modells erfordert die Objektivierung der Fahrzeugeigenschaften, da diese die Ausgangsbasis für die Ableitung der technischen Lösungen sind. Zum grundsätzlichen Themenfeld Objektivierung sind diverse Vorarbeiten vorhanden, wobei auch die Eigenschaften von Fahrzeugen mit Bremsregelsystem betrachtet werden. Die vorhandenen Arbeiten stellen dabei jedoch keine generische Methode dar, wie die entsprechenden Bewertungskennwerte definiert werden. Außerdem findet keine Berücksichtigung statt, wie ein Zusammenhang zwischen der Bewertung der Experten und den objektiven Be-

wertungskennwerten sichergestellt und gleichzeitig ein Übertrag des Wissens
in die Simulation realisiert wird. Darüber hinaus existiert keine Arbeit, die den
Zusammenhang zwischen dem in der Konzeptphase betrachteten Grundfahrzeug ohne das Bremsregelsystem und dem Serienfahrzeug mit dem Bremsregelsystem berücksichtigt. In der vorliegenden Arbeit wird in den folgenden
Kapiteln ein umfassendes und strukturiertes Vorgehen zur Objektivierung der
Eigenschaften von Fahrzeugen mit Bremsregelsystem entwickelt. Dabei werden die benannten wissenschaftlichen Lücken des fehlenden Bezugs zu Versuchsfahrten durch Experten und der kaum vorhandene Bezug zur Simulation
und zur frühen Entwicklungsphase gezielt in den Vordergrund gestellt.

Um die Einhaltung der formulierten Fahrzeugeigenschaftsziele gemäß dem
entworfenen Vorgehensmodell sicherzustellen, ist der Einsatz von systematischen Untersuchungsmethoden hinsichtlich des Einflusses von Fahrzeugparametern bzw. Applikationsparametern des Bremsregelsystems auf das Fahrzeugverhalten notwendig. Als solche eignen sich die etablierten Sensitivitätsanalysemethoden, deren Einsatz im Rahmen der Fahrzeugentwicklung allgemein bisher selten beschrieben und insbesondere für Fahrzeuge mit Bremsregelsystem nicht zu finden ist. Im Zuge der Arbeit werden die vorhandenen
Methoden zur Sensitivitätsanalyse gegenübergestellt und hinsichtlich ihrer Ein-
satzmöglichkeit zur Untersuchung von Fahrzeugen mit Bremsregelsystem bewertet. Darauf aufbauend werden die Methoden ausgewählt und in ein allge-
meingültiges Vorgehen eingeordnet, wodurch ein Beitrag zur durchgängigen
Eigenschaftsentwicklung von Fahrzeugen mit Bremsregelsystem geschaffen
wird.

Die in dieser Arbeit durchgeführten Untersuchungen zielen auf die Nutzung
von virtuellen Methoden in Form von Simulationsrechnungen ab. Die im Rahmen der virtuellen Entwicklung von Fahrzeugen mit Bremsregelsystem durchgeführten Simulationsrechnungen basieren bis auf wenige Arbeiten auf HiL-
Umgebungen. Für SiL-Ansätze sind damit nur wenige Erkenntnisse über ihre
Eignung für die Simulation von hochdynamischen Manövern von Fahrzeugen
mit Bremsregelsystem vorhanden. In der vorliegenden Arbeit ist das Ziel, eine
SiL-Umgebung aufzubauen und im Detail auf ihre Eignung für den formulierten Anwendungsfall zu prüfen.

3 Virtueller Entwicklungsprozess für Fahrzeuge mit Bremsregelsystem

In diesem Kapitel wird ein durchgängiger virtueller Entwicklungsprozess für Fahrzeuge mit Bremsregelsystem vorgestellt. Dieser orientiert sich am etablierten V-Modell, in das die notwendigen Methoden eingeordnet werden. Der vorgestellte, virtuelle Entwicklungsprozess motiviert die Notwendigkeit einer Simulationsumgebung, für die Anforderungen abgeleitet werden. Abschließend wird die Simulationsumgebung vorgestellt und ihre Eignung für die beabsichtigten Untersuchungen durch eine Validierung nachgewiesen.

3.1 V-Modell mit erforderlichen Methoden

Die Abbildung 3.1 zeigt das in dieser Arbeit betrachtete V-Modell. Es ist in ähnlicher Form auch in [67] veröffentlicht und bildet nachfolgend die Grundlage für die Einordnung der Methoden in den Entwicklungsprozess. Das Vorgehensmodell stellt die Basis für die virtuelle Entwicklung von Fahrzeugen mit Bremsregelsystem dar und ist in drei elementare Bestandteile zu untergliedern. Der linke Ast beschreibt die Spezifikation und der rechte Ast die Integration. Am Boden des V-Modells ist die Implementierung der Komponenten angeordnet. Die vertikale Symmetrieebene des V-Modells unterteilt die Fahrzeugentwicklung in die Konzept- und die Serienentwicklung [55]. Gemäß den Ansätzen des Model-based Systems Engineerings werden auf jeder Ebene verschiedene Sichtweisen unterschieden: Die Anforderungsebene, die Funktionsebene, die logische Ebene und die physikalische Ebene [19], [149], [199]. Die Abbildung zeigt die Ebene der Anforderungen, die anderen Ebenen sind im Hintergrund angedeutet. Weiterhin ist das V-Modell in die Fahrzeugebene, die Systemebene und die Komponentenebene untergliedert, wobei die Granularität nach unten zunimmt.

Zu Beginn des Entwicklungsprozesses sind Eigenschaftsziele auf der Gesamtfahrzeugebene bekannt. Diese sind die Eingangsgrößen in das V-Modell und

© Der/die Autor(en), exklusiv lizenziert durch
Springer Fachmedien Wiesbaden GmbH, ein Teil von Springer Nature 2021
F. Fontana, *Methoden zur durchgängigen virtuellen Eigenschaftsentwicklung
von Fahrzeugen mit Bremsregelsystem*, Wissenschaftliche Reihe Fahrzeugtechnik
Universität Stuttgart, https://doi.org/10.1007/978-3-658-35238-7_3

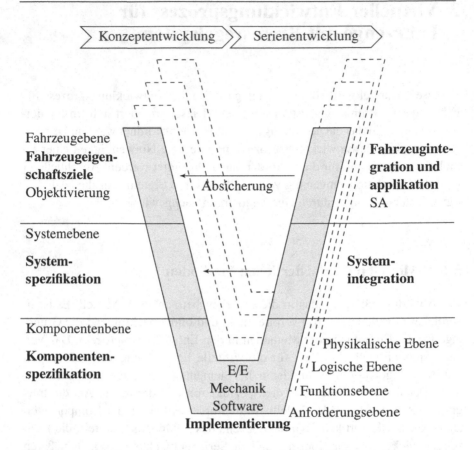

Abbildung 3.1: Durchgängiges Vorgehensmodell für die Entwicklung von Fahrzeugen mit Bremsregelsystem, in Anlehnung an [149], [172] und [190]

werden beispielsweise aus spezifischen Eigenschaftszielen des Fahrzeugherstellers oder aus der Positionierung am Markt ermittelt. Die grundlegende Voraussetzung für die Definition von Zielwerten für die Eigenschaften auf der Gesamtfahrzeugebene sind prüfbare Zielwerte. Dies erfordert die Objektivierung der Fahrzeugeigenschaften. Unter der Objektivierung wird verstanden, die subjektiv empfundenen Fahreindrücke in eine objektiv mess- und prüfbare Beschreibung zu überführen [52], [117]. Diese mathematisch definierten

Kenngrößen sind folglich auch in Simulationen als Bewertungsgrundlage einsetzbar. Eine solche Objektivierung ist in dieser Arbeit in Kapitel 4 dargestellt. Die Verantwortung für die Gesamtfahrzeugebene des V-Modells ist ausschließlich dem Fahrzeughersteller zuzuordnen, wobei auch Fremdvergaben auf der Gesamtfahrzeugebene zunehmen [175].

Basierend auf den Eigenschaftszielen auf der Gesamtfahrzeugebene werden Anforderungen auf die Systemebene abgeleitet. Nach unten schreitend wird die Granularität im V-Modell also feiner. Das System bezeichnet in Hinsicht auf das Bremsregelsystem die mechatronische Bremse, also beispielsweise das Hydroaggregat mit der Hydraulikpumpe oder die Ventile [27], [170], [184], [202].

An der Schnittstelle zwischen der Gesamtfahrzeugebene und der Systemebene ist die Identifikation kritischer Varianten, sogenannter Eckvarianten, unter der Zuhilfenahme entsprechender Analysemethoden sinnvoll. Die Eckvarianten sind solche, die hinsichtlich bestimmter Eigenschaften als extrem einzustufen sind, womit die übrigen Varianten aus Eigenschaftssicht zwischen diesen Varianten liegen (vgl. [7], [23] und [117]). Diese werden durch die Analyse der Stabilität des Fahrzeugs ohne Bremsregelsystem abgeleitet. Dadurch besteht die Möglichkeit, individuelle Spezifikationen für verschiedenen Fahrzeugvarianten abzuleiten.

Die Spezifikation der Systemanforderungen ist dem Aufgabenbereich des Fahrzeugherstellers zuzuordnen. Dieser strukturiert das Gesamtfahrzeug normalerweise nach der funktionalen Sichtweise in Systeme, wodurch die Zusammenarbeit mit den Zulieferern begünstigt wird [149]. Die Zulieferer wiederum spezifizieren ihrerseits die Architekturen der Komponenten ausgehend von der Anforderungsdefinition der Systeme.

Die Umsetzung der Spezifikationen in Form einer Implementierung in Hardware und Software erfolgt durch den Zulieferer, wobei eine umfassende Zusammenarbeit der Entwicklungsteams von Fahrzeughersteller und Zulieferer notwendig ist. Die Implementierung beschreibt die detaillierte Entwicklung der Komponenten, bestehend aus der Elektrik/Elektronik, der Mechanik und der Software. Auf dem rechten Ast des V-Modells erfolgt die Integration und die Absicherung der Komponenten. Dabei werden die implementierten Komponenten nach dem idealen Prozess gegen die auf dem linken Ast spezifizierten Anforderungen getestet. Ein Beispiel ist die Überprüfung der Druckaufbaudynamik auf der Systemebene. Abschließend erfolgt die Integration auf der Gesamtfahrzeugebene. Dabei wird durch Applikation des Bremsregelsystems die Einhaltung der zu Beginn des Entwicklungsprozesses formulierten Eigenschaftsziele sichergestellt. Um die Einflüsse der Funktionsparameter auf die Eigenschaftszielwerte zu identifizieren, werden Sensitivitätsanalysen eingesetzt. Mithilfe der gleichen Untersuchungsmethoden wird die Robustheit der Fahrzeugeigenschaften abgesichert und untersucht. Dieser letzte Schritt ist elementar für die Einhaltung der eingangs formulierten Zielwerte.

Im virtuellen Prozess sind die genannten Schritte des durchgängigen Entwicklungsprozesses gemäß Abbildung 3.1 unter dem Einsatz von virtuellen Methoden in Form von Simulationsrechnungen durchzuführen. Dies erfordert den Einsatz einer entsprechenden Simulationsumgebung. Nachfolgend werden die Anforderungen an eine solche Simulationsumgebung hergeleitet und die verwendete Umgebung vorgestellt. Die vorliegende Arbeit legt den Fokus auf die durchgängige Eigenschaftsentwicklung und damit auf die Gesamtfahrzeugebene.

3.2 Verwendete Simulationsumgebung

3.2.1 Anforderungen und Aufbau

Die Simulationsumgebung ist über den vollständigen Fahrzeugentwicklungsprozess für die gesamte Fahrzeugvarianz einzusetzen. Außerdem stellt sie die Basis für die Anwendung der in Kapitel 3.1 beschriebenen Methoden dar. Daraus ergeben sich die nachfolgend aufgelisteten Anforderungen an die Simulationsumgebung:

- Modularität hinsichtlich der die Fahrzeugvarianten definierenden Komponenten wie der Fahrwerkregelsysteme zur Abbildung der gesamten Fahrzeugvarianz
- Modularität hinsichtlich der verwendeten Modellkomplexität, um den Einsatz in allen Phasen des Entwicklungsprozesses zu ermöglichen
- Datenbank für Regelalgorithmen-, Aktoren- und Fahrzeugmodelle

- Erweiterbarkeit um Methoden wie Sensitivitätsanalyse, Parameteridentifikation oder Berechnung von charakteristischen Kennwerten
- Kurze Rechenzeiten, um den Einsatz statistischer Methoden zu ermöglichen
- Erfüllung der in den entsprechenden Normen definierten Simulationsgüte

Aus den Anforderungen folgt der Aufbau der Simulationsumgebung. Dieser ist schematisch in Abbildung 3.2 gezeigt, die als Basis für die Vorstellung dient. Das Blockschaltbild zeigt den Aufbau des Fahrzeugmodells im oberen Bereich sowie einige der implementierten Methoden im unteren Teil abgetrennt durch die gestrichelte Linie.

Das Fahrzeugmodell besteht aus den Elementen Fahrwerkregelsysteme, mechanisches Fahrzeug und Messung. Die Fahrwerkregelsysteme sind aus den eigentlichen Regelalgorithmen und der Aktorik aufgebaut. Die Algorithmen bezeichnen die Regelgesetze und die Aktorik bezeichnet die mechatronischen Bestandteile, die die Beeinflussung des Fahrzeugs mithilfe von physikalischen Wirkgrößen, wie Kräften oder Momenten und Wegen oder Winkeln bewirken. Das Fahrzeugmodell berechnet die Fahrzeugzustände, wobei beispielhaft die Fahrdynamikgrößen $\dot{\psi}$, a_y und β eingezeichnet sind. Zusätzlich sind der Lenkradwinkel δ_L und die longitudinale Fahrzeuggeschwindigkeit v exemplarisch als Eingangsgröße des Fahrzeugmodells dargestellt. Die Fahrzeuggrößen werden messtechnisch erfasst und den Fahrwerkregelsystemen zugeführt, wodurch der Regelkreis geschlossen wird. Es handelt sich bei der beschriebenen Simulationsumgebung um eine SiL-Umgebung, die keine in Hardware aufgebauten Elemente beinhaltet.

Wie durch die Darstellung in Abbildung 3.2 veranschaulicht, ist der Aufbau der Simulationsumgebung modular. Das gilt zum einen für die Blöcke Algorithmen, Aktorik und Fahrzeug, aber auch innerhalb dieser genannten Blöcke. Das bedeutet, dass die Zusammenstellung der jeweiligen Algorithmen und Aktoren individuell für jede betrachtete Fahrzeugvariante erfolgt. Somit sind alle notwendigen Kombinationsmöglichkeiten in der Simulation abbildbar. Basierend auf der vorhandenen Datenbank werden die erforderlichen Komponenten zusammengestellt und parametriert. Dabei sind beispielsweise die Reifen, die Achsen oder die Dämpfer des Fahrzeugs zu nennen, wobei durch die angebundene Datenbank ein strukturierter Datenzugriff ermöglicht wird.

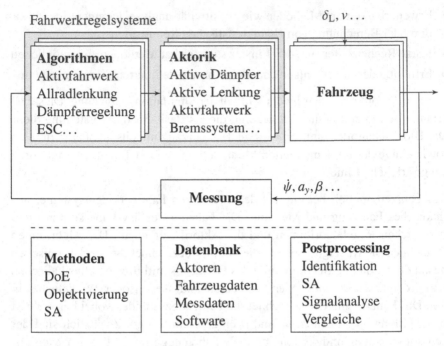

Abbildung 3.2: Modularer Aufbau der verwendeten Simulationsumgebung

Für die fahrdynamischen Untersuchungen im Rahmen dieser Arbeit wird eine bestimmte Modellgranularität verwendet. Zur Modellierung des Fahrzeugs wird ein Zweispurmodell eingesetzt. Die mathematischen Details sind beispielsweise in [130], [159] oder [176] zu finden. Das Zweispurmodell besteht dabei aus einer Aufbaumasse mit drei translatorischen und ebenso vielen rotatorischen Freiheitsgraden. Diese ist in vertikaler Richtung elastisch mit den vier Radmassen gekoppelt. Ein weiterer Freiheitsgrad besteht in der Lenkung der Räder, die mit dem Lenkstrang gekoppelt sind. Die Reifen werden mithilfe des MF-Tyre-Modells modelliert, das auf der empirischen Formel nach PACEJKA basiert [142]. Die Raderhebungskurven der Achsen sind über Kennlinienmodelle beschrieben. Das bedeutet, dass die Radstellungen in allen Freiheitsgraden in Abhängigkeit der vorliegenden Bedingungen an der Achse berechnet werden. Dadurch wird die Rechenzeit gegenüber der Lösung der Differentialgleichungen der Mehrkörpermodelle bei vertretbarem Verlust an Genauigkeit verkürzt [28].

Die integrierten Modelle der Softwarekomponenten der Fahrwerkregelsysteme entstammen der gleichen Quelle, aus der auch der Code für das Fahrzeugsteuergerät abgeleitet wird. Dies sind im Rahmen dieser Arbeit im Einzelnen das Aktivfahrwerk, das Bremsregelsystem, die Dämpferregelung und die Dynamik-Allrad-Lenkung. Die Aktoren der Fahrwerkregelsysteme sind als SiL-Komponenten umgesetzt. Für das Bremsregelsystem kommt dabei ein Modell höchster Komplexität mitsamt der Modellierung der hydraulischen Zusammenhänge zum Einsatz. Das Verhalten der Aktorik der Hinterachslenkung und der Überlagerungslenkung ist mithilfe von empirischen Verhaltensmodellen abgebildet, die auf der Basis von Messdaten identifiziert sind. Das gleiche gilt für die Aktoren des Aktivfahrwerks. Die alternativ mögliche Einbindung von physikalischen Modellen ermöglicht zusätzlich die Untersuchung der Bedingungen innerhalb der Aktoren, bringt jedoch für die Fahrdynamikberechnung aus Eigenschaftssicht keinen Mehrwert. Weitere Informationen zu der beschriebenen Simulationsumgebung sind auch in [25] und [67] zu finden.

Die eingebundenen Methoden ermöglichen, die für den Entwicklungsprozess nach Abbildung 3.1 erforderlichen Analysen einzusetzen. Die Statistische Versuchsplanung (Design of experiments) (DoE) stellt durch die Variation der Modellparameter eine grundlegende Basis dar, wobei in Abbildung 3.2 zusätzlich die Sensitivitätsanalyse (SA) explizit benannt ist. Für die Analyse der Rechnungen sind Methoden zur Parameteridentifikation, Sensitivitätsanalyse, Signalanalyse oder zum Vergleich von Varianten implementiert.

3.2.2 Validierung der Simulationsumgebung

Die Güte der virtuellen Untersuchungen hängt von der Validität des Simulationsmodells ab. Die Untersuchung der Gültigkeit des Modells für den beabsichtigten Einsatzbereich wird als Validierung bezeichnet [192]. Eine solche Validierung wird in diesem Kapitel für die eingesetzte Simulationsumgebung gezeigt. Das betrachtete Fahrzeug ist eine Limousine der Oberklasse, die mit dem Bremsregelsystem, der Dämpferregelung und der Dynamik-Allrad-Lenkung ausgestattet ist. Zusätzlich ist das Fahrzeug mit externer Messtechnik in Form einer Inertialplattform und Druckmesstechnik an den Rädern bestückt.

Die Motivation der Validierung ist die Bestätigung der Gültigkeit des verwendeten Modells zur Simulation hochdynamischer Fahrmanöver für Fahrzeuge mit dem Bremsregelsystem. Die entsprechende Validierung gliedert sich in drei Schritte. Zunächst wird das quasistationäre Fahrzeugverhalten im Manöver Lenkradwinkelrampe validiert. Dieses stellt die Ausgangsbasis dar und bildet beispielsweise das Eigenlenkverhalten des Fahrzeugs bis in den Grenzbereich ab [81], [147]. Die Validierung des stationären Verhaltens als Grundlage für die Validierung des transienten Verhaltens wird auch in der Norm ISO 19365 und von HEYDINGER et al. beschrieben [83], [94]. Darauf aufbauend wird das dynamische Fahrzeugverhalten im Frequenzbereich mithilfe des Manövers Lenkradwinkelsweep und das transiente Verhalten auf Basis eines Spurwechselmanövers betrachtet. Diese drei Bestandteile zur Validierung der Fahrdynamik werden auch von ALLEN et al. empfohlen [4]. Dabei betrachtet die dynamische Validierung die Fahrzeugdynamik im eingeschwungenen Zustand und die transiente Validierung das Übergangsverhalten des Fahrzeugs [13], [115].

Das Fahrzeug ist in einer Messprozedur auf dem Prüfgelände vermessen und wird im Vergleich in der Simulation abgebildet. Die Dämpferregelung wird mit einem konstanten Strom betrieben, um den Einfluss dieses Fahrwerkregelsystems zu minimieren. Für die quasistationäre und die dynamische Validierung wird die Simulation mit einer Mehrzahl an statistisch ausgewerteten Messungen verglichen. Die Mittelwertbildung für mehrere hochdynamische Signale im Zeitbereich aus verschiedenen Messungen ist nicht sinnvoll umsetzbar, da die Phasen der Signale nie vollständig synchron sind. Aus diesem Grund wird bei der Validierung des transienten Fahrzeugverhaltens eine exemplarische Messung ausgewählt. Bei der Validierung wird grundsätzlich das Vorgehen angewendet, die Submodelle Algorithmen und Aktorik gemäß dem Aufbau nach Abbildung 3.2 zunächst einzeln zu validieren und erst dann darauf aufbauend das Gesamtfahrzeug zu betrachten. Dieses Vorgehen ist beispielsweise in [191] benannt. Bei der Darstellung der Ergebnisse der Validierung wird der Fokus auf die Gesamtfahrzeugebene gelegt. Im Rahmen der Validierung des transienten Manövers werden darüber hinaus Größen der Fahrwerkregelsysteme analysiert.

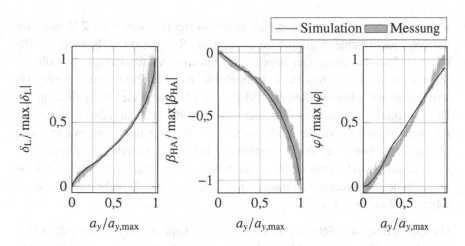

Abbildung 3.3: Validierung der Simulation hinsichtlich des quasistationären Fahrzeugverhaltens mithilfe des Manövers Lenkradwinkelrampe

Die Basis der Validierung des quasistationären Fahrzeugverhaltens stellt das Manöver Lenkradwinkelrampe mit einem linear ansteigenden Lenkradwinkel dar. Die Norm ISO 19364 beschreibt die Anforderungen für die Validierungen des stationären Fahrzeugverhaltens und stellt die Grundlage für die Bewertung der Ergebnisse dar [93]. Die Resultate der Simulation und der Fahrzeugmessung sind im Vergleich in Abbildung 3.3 gezeigt. Die Darstellung der Messung besteht dabei aus der Umgebung einer Standardabweichung um den Mittelwert mehrerer Messungen. Die drei Teile der Abbildung zeigen von links nach rechts den Lenkradwinkel δ_L, den Schwimmwinkel an der Hinterachse β_{HA} und den Wankwinkel φ aufgetragen über der Querbeschleunigung a_y. Abweichend zum in der Norm betrachteten Schwimmwinkel im Schwerpunkt β wird nachfolgend aufgrund der Erkenntnisse im weiteren Verlauf der Arbeit der Schwimmwinkel an der Hinterachse β_{HA} untersucht.

In der Darstellung des Lenkradwinkels δ_L über der Querbeschleunigung a_y ist ersichtlich, dass die betrachteten Kurven im gesamten Bereich eine hohe Übereinstimmung zeigen. Im Bereich zwischen $a_y = 0{,}5a_{y,\mathrm{max}}$ und $a_y = 0{,}75a_{y,\mathrm{max}}$ liegt die Simulation außerhalb der Umgebung von einer Standardabweichung, wobei die relative Abweichung zum Rand im Bereich von unter 2 % liegt. Im übrigen Querbeschleunigungsbereich liegt die Simulation vollständig im Bereich der Messstreuung. Der Bereich des linearen Anstiegs zeigt, dass die Direkteinheit des Fahrzeugs korrekt abgebildet ist. Der Bereich des progressiv ansteigenden Lenkradwinkelbedarfs bildet den Grenzbereich des Fahrzeugs ab. Die maximal erreichte Querbeschleunigung und der Lenkradwinkelgradient im Grenzbereich liegen für die Simulation im Bereich der Messstreuung. Die erkennbaren Ausreißer der Messstreuung bei hoher Querbeschleunigung a_y sind darauf zurückzuführen, dass der Gradient der Kurve dort sehr steil ist und sich der Senkrechten annähert. Dies erschwert die Berechnung des Messfehlers in diesem Bereich.

Die Darstellung des Schwimmwinkels an der Hinterachse β_{HA} über der Querbeschleunigung ist ein Indikator für die Stabilität des Fahrzeugs [38], [46], [73]. Die Abbildung zeigt, dass der Schwimmwinkel über den gesamten Bereich der Querbeschleunigung a_y eine hohe Übereinstimmung zwischen Simulation und Messung aufweist. Die Simulation liegt vollständig in der durch die Standardabweichung aufgespannten Umgebung.

Der dritte Teilausschnitt von Abbildung 3.3 zeigt den Wankwinkel des Fahrzeugs φ in Abhängigkeit der Querbeschleunigung a_y in normierter Darstellung. Im Bereich zwischen $a_y = 0,3a_{y,max}$ und $a_y = 0,65a_{y,max}$ verläuft die Simulation über dem Streubereich der Messung, wobei die relative Abweichung nie mehr als 8 % beträgt und zumeist kleiner als 5 % ist. Die Abweichungen im Wankverhalten sind durch die nicht ideale Neigung der Dynamikfläche zu begründen und in der Messung auf dem Prüfgelände unvermeidbar. Die absoluten Differenzen betragen dabei Bruchteile eines Grads.

Bezugnehmend auf die eingangs beschriebene Norm ISO 19364 zur Validierung des quasistationären Fahrzeugverhaltens werden die beschriebenen Abweichungen bewertet [93]. Dabei ist festzuhalten, dass die Vorgaben für das Fahrzeugverhalten hinsichtlich der drei in der Norm festgelegten Größen Lenkradwinkel δ_L, Schwimmwinkel an der Hinterachse β_{HA} und Wankwinkel φ durchgängig eingehalten werden. Damit ist die Simulationsumgebung hinsichtlich ihrer Eignung zur Abbildung des quasistationären Fahrzeugverhaltens als valide einzustufen.

An die Validierung des quasistationären Fahrzeugverhaltens anschließend wird in diesem Abschnitt die Validierung des dynamischen Fahrzeugverhaltens im linearen Bereich dargestellt. Dazu werden Frequenzgänge analysiert, die den eingeschwungenen Zustand repräsentieren und kein transientes Übergangsverhalten berücksichtigen wie es später untersucht wird [115]. Die Wichtigkeit der Betrachtung von Frequenzgängen wird von HEYDINGER et al in [83] betont. Das Manöver besteht aus einer Lenkradwinkelvorgabe, die einer Sinusfunktion mit steigender Frequenz entspricht. Die Amplitude des Lenkradwinkels entspricht einer quasistationären Querbeschleunigung, bei der das querdynamische Fahrzeugverhalten durch ein lineares Einspurmodell beschreibbar ist [57], [147]. Für die Validierung dieses Manövers existiert keine passende Norm.

Abbildung 3.4 zeigt die Ergebnisse des beschriebenen Manövers im Vergleich von Simulation und Messung. Die Ergebnisse sind dabei als Frequenzgang in normierter Form dargestellt. Links ist die Übertragungsfunktion von der Lenkradwinkeleingabe zur Gierrate des Fahrzeugs $\frac{\dot{\psi}}{\delta_L}$ in Abhängigkeit der Frequenz dargestellt. Daneben sind die Übertragungsfunktionen von der Gierrate zur Querbeschleunigung $\frac{a_y}{\dot{\psi}}$ sowie die von der Querbeschleunigung zum Schwimmwinkel an der Hinterachse $\frac{\beta_{HA}}{a_y}$ gezeigt. Dabei ist jeweils das Verhalten von Amplitude und Phase dargestellt. Die Messung ist wie bei der Untersuchung des quasistationären Verhaltens in Form der durch eine Standardabweichung um den Mittelwert aufgespannten Umgebung dargestellt.

Der ganz links gezeigte Frequenzgang von Lenkradwinkel δ_L zu Gierrate $\dot{\psi}$ zeigt im Amplitudengang für niedrige Frequenzen eine relative Abweichung von unter 2 % zwischen Simulation und Messung bezogen auf den Mittelwert. Zu steigenden Frequenzen hin zeigt der Amplitudenverlauf ein Maximum, das als Giereigenfrequenz bezeichnet wird [57], [147]. Die Giereigenfrequenz der Simulation liegt etwa 4 % höher als die in der Messung ermittelte. Der Betrag der Maxima unterscheidet sich in dem gleichen relativen Maße zwischen der Simulation und dem Mittelwert der Messungen. Der Vergleich von Simulation und Messung hinsichtlich des Phasengangs zeigt bei niedrigen Frequenzen eine Abweichung von knapp 2° zwischen Simulation und Messung. Hin zu höheren Frequenzen ist eine lineare Zunahme des Abstands der verglichenen Kurven zu sehen. Dies entspricht einer konstanten Totzeit im Zeitbereich [115]. Diese ist auf die Latenz zwischen den Signalen der Inertialplattform und denen

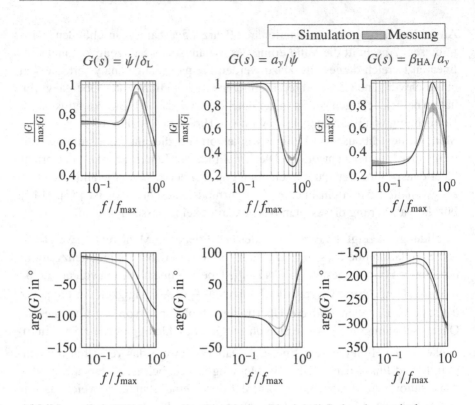

Abbildung 3.4: Validierung der Simulation hinsichtlich des dynamischen Fahrzeugverhaltens mithilfe des Manövers Sinussweep

des Messlenkrads zurückzuführen, die in internen Untersuchungen auf einen Wert von ungefähr 15 ms identifiziert ist. Wird die Messung um die bekannten Latenzen korrigiert, werden die Abweichungen zwischen den Phasenverläufen auf wenige Grad reduziert. Auf diese Korrektur wird an dieser Stelle jedoch bewusst verzichtet und es werden die unkorrigierten Signale aus der Messung verwendet.

Der mittlere Frequenzgang der Abbildung 3.4 beschreit den Zusammenhang von der Gierrate des Fahrzeugs $\dot{\psi}$ zu seiner Querbeschleunigung a_y. Dieser Frequenzgang beschreibt die Beziehung des Seitenkraftaufbaus an der Vorderachse und mit an der Hinterachse. Im Bereich der statischen Verstärkung des

Amplitudengangs liegt das Ergebnis der Simulation im Bereich der Messstreuung. Der Amplitudengang zeigt für die Simulation eine schwach ausgeprägte Eigenfrequenz, die in der Messung nicht zu identifizieren ist. Dort beträgt die relative Abweichung zwischen Simulation und Messung bezogen auf den Mittelwert etwa 3 %. Bei höheren Frequenzen oberhalb von $f = 0,5 f_{max}$ divergieren die Amplituden bis zu einem Unterschied von etwa 20 %. Die ermittelten Phasen sind für den Bereich $f < 0,25 f_{max}$ identisch und laufen dann bis zu einem Betrag von 11° im lokalen Minimum auseinander.

Abschließend wird der Frequenzgang $\frac{\beta_{HA}}{a_y}$ analysiert. Die Simulationsergebnisse von Amplituden- und Phasengang liegen im Bereich der statischen Verstärkung bei niedrigen Frequenzen im Bereich der Messstreuung. Die ermittelten Eigenfrequenzen unterscheiden sich um weniger als 1 % und die dort vorliegenden Amplituden um 22 % bei der Betrachtung des Mittelwerts. Der maximal auftretende Unterschied der ermittelten Phasen liegt bei 10° in der Umgebung von $f = 0,3 f_{max}$. Bei der Betrachtung des Schwimmwinkels an der Hinterachse β_{HA} ist darauf hinzuweisen, dass diese Größe nicht direkt gemessen wird, sondern es sich um die Schätzgröße eines Beobachters der Messtechnik handelt.

Wie eingangs beschrieben, existiert für die Validierung des Manövers Lenkradwinkelsweep keine entsprechende Norm. Unter der Berücksichtigung, dass die Normen ISO 19364 und ISO 19365 für das stationäre und transiente Fahrzeugverhalten Abweichungen im zweistelligen Prozentbereich erlauben, ist die erzielte Genauigkeit in allen betrachteten Fahrdynamikgrößen als hoch einzuschätzen [93], [94]. Dies gilt insbesondere unter der Berücksichtigung, dass typische Fahrdynamikmanöver im Frequenzbereich unter 1,5 Hz einzuordnen sind und auch der Sinus mit Haltezeit eine übergeordnete Lenkfrequenz von 0,7 Hz aufweist [174], [189]. Der in der Abbildung 3.4 gezeigte Frequenzbereich betrachtet auch höhere Frequenzen. Diese sind jedoch nicht vollkommen zu vernachlässigen, da beispielsweise durch sprungartige Lenkradwinkelanregungen oder die Haltezeit im Manöver Sinus mit Haltezeit eine breitbandige Frequenzanregung stattfindet.

Abschließend wird die Simulation des transienten Verhaltens des Fahrzeugs validiert. Die Grundlage bildet das Manöver doppelter Spurwechsel gemäß [96]. Dieses Manöver wird in Kapitel 4 im Detail untersucht, weshalb es an dieser

Stelle für die Validierung ausgewählt wird. Für die Validierung des Manövers doppelter Spurwechsel existiert keine Norm, die erlaubte Abweichungen definiert. Ein artverwandtes Manöver ist jedoch das Manöver Sinus mit Haltezeit, für das die Norm ISO 19365 solche Abweichungen definiert. Dieses Manöver ähnelt einem dynamisch gefahrenen Spurwechsel, bringt das Fahrzeug dabei in den fahrdynamischen Grenzbereich und der Lenkradwinkel weist eine Umkehrung des Vorzeichens auf.

Abbildung 3.5 zeigt die Fahrdynamikgrößen Querbeschleunigung a_y, Gierrate $\dot{\psi}$, Schwimmwinkel an der Hinterachse β_{HA} und Wankwinkel φ in Abhängigkeit der Zeit t normiert auf den jeweils betragsmäßig maximal auftretenden Wert. Bei der Analyse der Unterschiede zwischen Simulation und Messung werden außerdem die physikalischen Wirkgrößen der Fahrwerkregelsysteme betrachtet, die das Fahrzeugverhalten entscheidend beeinflussen. Abbildung 3.6 zeigt exemplarisch das Verhalten des Bremsregelsystems sowie das Verhalten der Hinterachslenkung. Der linke Teil der Darstellung zeigt den Bremsdruck am rechten Vorderrad p_{VR} normiert auf den maximal auftretenden Wert. Diese Position wird exemplarisch ausgewählt, da dort im Vergleich der höchste Bremsdruck auftritt.

Bei der Analyse der Querbeschleunigung a_y ist bis zum Zeitpunkt $t = 0{,}73 t_{max}$ kein Unterschied zwischen Simulation und Messung zu identifizieren. Am nachfolgenden Maximum unterscheiden sich die vorliegenden Werte um etwa 10 %. Nach der besagten Stelle fällt der Verlauf der Simulation früher ab. Die Verläufe der Gierrate $\dot{\psi}$ zeigen in Hinblick auf die zeitliche Lage Unterschiede von maximal 50 ms. Die größte Abweichung bei der Betrachtung der Maxima beträgt etwa 23 %. Ein ähnliches Bild ergibt die Analyse des Schwimmwinkels an der Hinterachse β_{HA}. Die zeitlichen Unterschiede zwischen den Maxima und den Kurvenanstiegen sind im Bereich von weniger als 50 ms, abgesehen von einer aufkommenden Divergenz nach dem Zeitpunkt $t = 0{,}8 t_{max}$, wo der Zahlenwert etwa 150 ms beträgt. Die Abweichungen zwischen Simulation und Messung werden über die Manöverdauer t größer, sodass die Amplitudenabweichung vom ersten zum letzten Maximum von 20 % bis zu 39 % ansteigt. Das Signal des Wankwinkels φ zeigt eine hohe Übereinstimmung zwischen Simulation und Messung. Die größte auftretende Abweichung beträgt relativ betrachtet 10 %. Die über dem gesamten Verlaufe auftretende Abweichung ist deutlich kleiner.

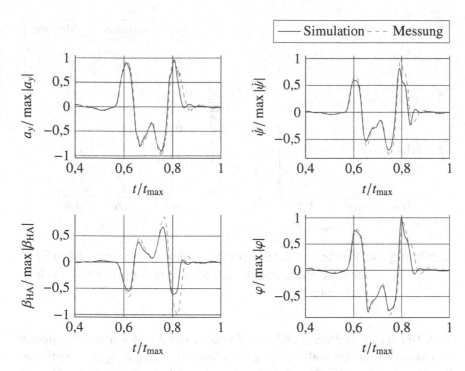

Abbildung 3.5: Validierung der Simulation hinsichtlich des transienten Fahrzeugverhaltens mithilfe des Manövers doppelter Spurwechsel nach [96]

Dabei zeigt die Messung durchgängig höhere maximale Gierraten und auch höhere maximale Schwimmwinkel als die Simulation. Bei der Betrachtung der Bremsdrücke wird deutlich, dass dies nicht durch Bremseingriffe mit höherem Druck begründet ist. Wie exemplarisch im linken Teil von Abbildung 3.6 gezeigt, sind die Bremsdrücke in der Messung durchweg oberhalb der Bremsdrücke der Simulation. Dies ist dadurch zu begründen, dass die in der Messung ermittelten Gierraten und Schwimmwinkel um die benannten Beträge oberhalb der Simulation liegen und somit eine stärkere Reaktion des Bremsregelsystems verursachen. Zu den Bremsdrücken ist weiterhin zu sagen, dass die zeitliche Taktung zwischen Simulation und Messung mit einer maximalen Abweichung im Bereich von 50 ms unter Berücksichtigung der Latenzen der Messung klein

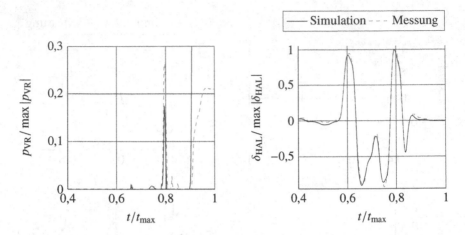

Abbildung 3.6: Validierung der Simulation hinsichtlich des transienten Systemverhaltens mithilfe des Manövers doppelter Spurwechsels nach [96]

sind. Der rechte Teil der Abbildung 3.6 zeigt den Vergleich von Simulation und Messung für den Stellwinkel der Hinterachslenkung δ_{HAL}. Die zeitlichen Verzüge zwischen den Signalen liegen im Bereich der Strichstärke. Die maximal auftretende Abweichung beträgt 7 %, wobei die übrigen Maxima bei Abweichungen im Bereich von 1 % liegen.

In der Norm ISO 19365 zur Validierung des Manövers Sinus mit Haltezeit werden maximal erlaubte Abweichungen für die Gierrate $\dot{\psi}$ definiert, die zur Einordnung der Validierung herangezogen werden. Die Norm erlaubt dabei Unterschiede zwischen der Simulation und der Messung bis zu 25 % [94]. Dieser Wert wird bei der Simulation des doppelten Spurwechsels eingehalten. Zusätzlich werden die Anforderungen hinsichtlich der zeitlichen Abweichungen der Nulldurchgänge der Signale erfüllt. Die gemäß der Validierung als kritisch einzustufende Größe ist der Schwimmwinkel an der Hinterachse β_{HA}, der Abweichungen bis zu 39 % zwischen Simulation und Messungen aufweist. Die angeführte Norm definiert jedoch keine Anforderungen für die Güte des Schwimmwinkelverlaufs. Darüber hinaus ist zu nennen, dass der Schwimmwinkel eine nicht direkt messbare Fahrdynamikgröße darstellt und somit aus messbaren Größen mithilfe eines entsprechenden Beobachters ermittelt wird [193].

In [39] geben CHINDAMO et al. einen Literaturüberblick über etablierte Verfahren zur Bestimmung des Schwimmwinkels.

Zusammenfassend ist in diesem Kapitel ein durchgängiger Entwicklungsprozess für Fahrzeuge mit Bremsregelsystem dargestellt, der die notwendigen Methoden beinhaltet. Dieser basiert auf dem V-Modell und ermöglicht die Entwicklung von Fahrzeugen mit Bremsregelsystem basierend auf Eigenschaftszielen auf der Gesamtfahrzeugebene. Die zu entwickelnden Methoden sind die Objektivierung der Fahrzeugeigenschaften sowie die Anwendung von Parameterstudien in Form von Sensitivitätsanalysen zur Applikation des Bremsregelsystems und zur Beurteilung der Robustheit des Fahrzeugverhaltens. Die benannten Methoden werden in dieser Arbeit in den nachfolgenden Kapiteln 4 und 5 erarbeitet.

Die virtuelle Durchführung des Prozesses erfordert eine entsprechende Simulationsumgebung. Die verwendete modulare Simulationsumgebung wird vorgestellt und der strukturierte Prozess der Validierung aufgezeigt. Gemäß den vorliegenden Normen zur Validierung des Fahrzeugverhaltens ist die Güte der Simulationsumgebung als passend für die geplanten Untersuchungen einzustufen. Damit ist die Eignung der vorgestellten Umgebung zur durchgängigen virtuellen Eigenschaftsentwicklung von Fahrzeugen mit Bremsregelsystem unter Berücksichtigung der vollständigen Fahrzeugvarianz auch mit wechselwirkenden Fahrwerkregelsystemen nachgewiesen. Eine weitere Erhöhung der Simulationsgüte des Bremsregelsystems wäre über die Verwendung einer HiL-Umgebung möglich.

4 Objektive Bewertung der Fahrzeugeigenschaften

In Kapitel 3 wird die Notwendigkeit der Objektivierung der Fahrzeugeigenschaften dargestellt. Die Objektivierung ist das grundlegende Element, um den durchgängigen Entwicklungsprozess basierend auf zuvor definierten Fahrzeugeigenschaftszielen zu durchlaufen. Im Bereich der Entwicklung von Fahrzeugen mit Bremsregelsystem ermöglicht die Objektivierung außerdem den Übertrag des Expertenwissens in die Simulation.

Dieses Kapitel stellt eine generische Methode für eine solche Objektivierung dar und wendet sie exemplarisch auf das Fahrmanöver einfacher Spurwechsel an. Im Rahmen einer Probandenstudie werden Messdaten des Fahrzeugs und subjektive Bewertungen der Teilnehmenden aufgezeichnet. Diese Daten stellen die Basis für die Untersuchungen dar. Einführend werden die Anforderungen an die Objektivierung und das generelle Vorgehen aufgezeigt. Daran anknüpfend wird die Probandenstudie beschrieben und die Auswertungsmethode dargestellt. Auf Basis der Ergebnisse der subjektiven Bewertungen und der Messdaten folgt die Definition eines äquivalenten open-loop Manövers für die Anwendung in der Simulation. Nach dem Aufzeigen des Zusammenhangs zwischen Eigenschaftskennwerten des aktiven Fahrzeugs und Kennwerten des Grundfahrzeugs ohne Bremsregelsystem werden die Inhalte zusammengefasst und eingeordnet.

4.1 Anforderungen an die Objektivierung und Vorgehensweise

Auf Basis der beschriebenen Zielsetzung werden Anforderungen an die Objektivierung abgeleitet. Die grundlegende Herausforderung stellt dabei die Erfassung des Expertenwissens in Form von objektiven Bewertungskennwerten dar. Diese ermöglichen die Formulierung von prüfbaren Eigenschaftszielen und die objektive Bewertung von Fahrzeugen in der Messung und in der Simulation.

© Der/die Autor(en), exklusiv lizenziert durch
Springer Fachmedien Wiesbaden GmbH, ein Teil von Springer Nature 2021
F. Fontana, *Methoden zur durchgängigen virtuellen Eigenschaftsentwicklung von Fahrzeugen mit Bremsregelsystem*, Wissenschaftliche Reihe Fahrzeugtechnik Universität Stuttgart, https://doi.org/10.1007/978-3-658-35238-7_4

Die Anforderungen an die Methode der Objektivierung sind nachfolgend zusammengefasst:

- Erfassen des Wissens der Versuchsingenieure hinsichtlich der Bewertung des Fahrzeugverhaltens unter dem Einfluss des Bremsregelsystems
- Definition von objektiven Bewertungskennwerten zur Festlegung von Fahrzeugeigenschaftszielen und der Bewertung von Fahrzeugmessungen und Simulationsrechnungen
- Gleichzeitige Trennung von Fahrer und Fahrzeug durch die Definition eines äquivalenten open-loop Ersatzmanövers mitsamt zugehörigen objektiven Kennwerten
- Prognose des Fahrzeugverhaltens mit Bremsregelsystem auf der Basis des Grundfahrzeugs ohne Bremsregelsystem zur Identifikation von kritischen Fahrzeugvarianten

Das Vorgehen zur Erreichung der genannten Ziele ist in Abbildung 4.1 dargestellt. Die Ausgangsbasis sind Versuchsfahrten, die von verschiedenen Probanden durchgeführt werden. Dabei wird ein Fahrzeug in verschiedenen Konfigurationen aufgebaut, um das Fahrzeugverhalten in den betrachteten Manövern durch diese Parametervariationen zu verändern. Die Versuchsfahrten werden messtechnisch erfasst und gleichzeitig von den Probanden subjektiv bewertet. Die Bewertung erfolgt mithilfe eines entsprechend ausgestalteten Fragebogens, der später näher erläutert wird.

Die Analyse der subjektiven Bewertungen und der Messdaten erfolgt zunächst getrennt voneinander. Die dabei gewonnenen Erkenntnisse werden anschließend zusammengeführt. Dies hat das Ziel, einen Zusammenhang zwischen der subjektiven Bewertung der Experten und objektiv erfassbaren Größen herzustellen. Somit erfolgt eine Analyse, welche physikalischen Größen die Bewertungen der Experten am besten repräsentieren.

Bei der Auswertung der aufgezeichneten Messdaten werden objektive Kennwerte basierend auf physikalischen Zusammenhängen berechnet. Über die verschiedenen Fahrzeugkonfigurationen wird überprüft, ob sich die Konfigurationen in den ermittelten Kennwerten signifikant unterscheiden. Dies erfolgt mithilfe eines statistischen Tests, der den p-Wert der Messung p_{Mess} mit dem zuvor festgelegten Signifikanzniveau α vergleicht. Ist diese Bedingung erfüllt,

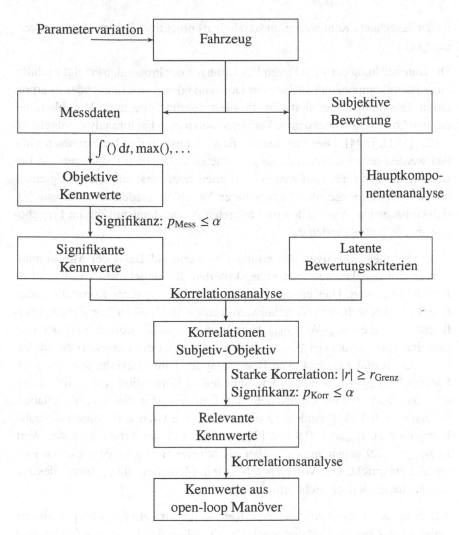

Abbildung 4.1: Vorgehen zur Objektivierung von Fahrzeugeigenschaften basierend auf closed-loop Manövern und zur Definition eines Ersatzmanövers

ist der berechnete Kennwert grundsätzlich als objektiver Bewertungskennwert geeignet.

Die Untersuchung der subjektiven Bewertungen der Probanden erfolgt mithilfe einer Hauptkomponentenanalyse der Daten und deren anschließender Interpretation. Die Statistik definiert dem Problem zugrunde liegende Variablen, die aus den korrelierten, messbaren Variablen durch eine Faktoranalyse folgen [3], [102], [151], [194]. Diese als latente Bewertungskriterien bezeichneten Größen werden herausgearbeitet. Die entstehenden Variablen reduzieren die Bewertung der Probanden auf weniger Kriterien, aber erhalten gleichzeitig einen hohen Informationsgehalt. Die messbaren Variablen werden als manifeste Variablen bezeichnet und stellen im konkreten Anwendungsfall die im Fragebogen abgefragten Kriterien dar.

Die ermittelten objektiven Bewertungskennwerte auf Basis der Messsignale werden mit den latenten Bewertungskriterien der subjektiven Evaluation in Beziehung gesetzt. Dies erfolgt unter der Verwendung einer Korrelationsanalyse. Die so berechneten Korrelationen werden durch einen Korrelationskoeffizienten r und einen p-Wert p_{Korr} charakterisiert. Ist die Korrelation hoch und signifikant, es gilt also $|r| \geq r_{\text{Grenz}}$ und $p_{\text{Korr}} \leq \alpha$, ist der Kennwert grundsätzlich relevant und zur objektiven Bewertung des Fahrzeugverhaltens geeignet. Für den Grenzwert der hohen bzw. sehr hohen Korrelation r_{Grenz} gibt es verschiedene Sichtweisen. COHEN sieht den Grenzwert für die hohe Korrelation bei $r_{\text{Grenz}} = 0{,}5$ [42]. Andere Quellen setzen die Grenze für eine sehr hohe Korrelation zu $r_{\text{Grenz}} = 0{,}9$ fest [29], [204]. In dieser Arbeit wird der Wert zu $r_{\text{Grenz}} = 0{,}9$ angenommen, wobei ein höherer Betrag einer stärkeren Korrelation entspricht. Das Vorzeichen beschreibt lediglich die Richtung des Zusammenhangs, jedoch nicht seine Stärke.

Auf Basis der definierten objektiven Kennwerte wird ein open-loop Manöver definiert, das keinen Einfluss durch die Eingaben des Fahrers aufweist, und vergleichbare Informationen wie das untersuchte closed-loop Manöver liefert. Der Nachweis dieses Zusammenhangs erfolgt ebenfalls mithilfe einer entsprechenden Korrelationsuntersuchung.

4.1.1 Definition des Fahrmanövers einfacher Spurwechsel

Ein wesentlicher Bestandteil der Fahrzeugabstimmung hinsichtlich der Stabilität und der Agilität stellt der Spurwechsel bei Querbeschleunigungen oberhalb des als lineares Einspurmodell beschreibbaren Bereichs dar. Dieses Fahrmanöver wird für die Durchführung des Prozesses gemäß Abbildung 4.1 ausgewählt. Es stellt einen elementaren Bestandteil der Fahrzeugabstimmung im etablierten Entwicklungsprozess dar. Das betrachtete Manöver orientiert sich am doppelten Spurwechsel gemäß der Norm ISO 3888-1 [96]. Dabei wird jedoch nur der erste Wechsel der Pylonengasse durchgeführt, sodass das Manöver einfacher Spurwechsel entsteht. Der zweite Spurwechsel des Manövers wird weggelassen, da die Stabilität innerhalb des ersten Teils bereits bewertbar ist. Darüber hinaus ist die Reproduzierbarkeit des Manövers einfacher Spurwechsel besser.

Die Trajektorie ist in Abbildung 4.2 dargestellt. Die Größen b_1 und b_2 beschreiben die Breiten der aufgestellten Pylonengasse. Die Größen l_1, l_2 und l_3 bezeichnen die Längen der jeweiligen Abschnitte. Ihre Definitionen sind Tabelle 4.1 zu entnehmen. Dabei bezeichnet b_{Fzg} die Breite des Fahrzeugs und b_{Off} den lateralen Versatz der zweiten Pylonengasse.

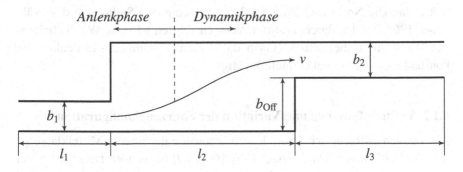

Abbildung 4.2: Definition des Fahrmanövers einfacher Spurwechsel, basierend auf [96]

Die Norm ISO 3888-1 beschreibt einen Testablauf, das Manöver mit der maximal möglichen Fahrzeuggeschwindigkeit zu absolvieren [96]. Für die Objektivierung ist nicht zwangsweise die maximal mögliche Fahrzeuggeschwindigkeit notwendig. Die gewählte Geschwindigkeit ergibt sich aus zwei Zielen. Zum einen ist angestrebt, eine hohe Anzahl gültiger Fahrversuche zu absolvie-

Tabelle 4.1: Definition der geometrischen Größen aus Abbildung 4.2

Größe	Wert
b_1	$1,1 b_{Fzg} + 0,25\,\text{m}$
b_2	$1,2 b_{Fzg} + 0,25\,\text{m}$
b_{Off}	$3,5\,\text{m}$
l_1	$15\,\text{m}$
l_2	$30\,\text{m}$
l_3	$25\,\text{m}$

ren, also solche ohne den Kontakt mit einer Pylone. Zum anderen ist die Geschwindigkeit so zu wählen, dass eine ausreichende Dynamik erzielt wird. Aus diesen beiden Prämissen folgt die Vorgabe für die Probanden, die Geschwindigkeit möglichst hoch zu wählen, aber nicht so hoch, dass das Fahrzeug nicht kontrollierbar ist. Wird die Geschwindigkeit zu niedrig gewählt, werden keine Eingriffe durch das Bremsregelsystem ausgelöst.

Der Antriebsstrang stellt einen weiteren Einflussfaktor auf das Fahrzeugverhalten dar. Die Norm ISO 3888-1 erlaubt verschiedene Stellungen des Wählhebels [96]. Bei den durchgeführten Versuchsfahrten wird die Wählhebelposition D gewählt. Dabei wird das Gaspedal ab dem Zeitpunkt des Einlenkens bei konstanter Geschwindigkeit nicht betätigt.

4.1.2 Versuchsfahrzeug und Variation der Fahrzeugkonfiguration

Als Versuchsfahrzeug wird eine Kombilimousine der oberen Mittelklasse gemäß der EG-Fahrzeugklassen nach [59], [60], [89] verwendet. Dieses ist mit einer satellitengestützten Inertialplattform, Druckmesstechnik an allen vier Radbremsen und einem speziellen Steuergerät für das Bremsregelsystem ausgestattet. Dieses Steuergerät ermöglicht die Aufzeichnung von internen Signalen. Wie zuvor beschriebenen, werden für den Fahrversuch verschiedene Fahrzeugkonfigurationen aufgebaut. Diese basieren jeweils auf dem identischen Grundfahrzeug und unterscheiden sich durch den Tausch des montierten Radsatzes und der Beladung.

Hinsichtlich der Radsätze wird die größtmögliche Spreizung in Bezug auf das Fahrverhalten angestrebt. Aus diesem Grund wird ein Radsatz der Dimension 17″ und ein weiterer Radsatz der Dimension 20″ genutzt. Diese unterscheiden sich folglich auch in ihrer Breite, ihrem Querschnittsverhältnis und weiteren konstruktiven Merkmalen. Daraus resultieren Unterschiede der aus Sicht der Fahrzeugeigenschaften wichtigen Größen wie der Schräglaufsteifigkeit oder der Einlauflänge. Die Einflüsse von Temperatur und Verschleiß auf das Reifenverhalten werden durch eine Vorkonditionierung und die Verwendung mehrerer identischer Radsätze minimiert, die bei entsprechendem Verschleiß ausgetauscht werden.

Als weiterer Einflussparameter wird die Beladung des Fahrzeugs variiert. Das Grundfahrzeug ist mit der oben genannten Messtechnik sowie zwei Insassen beladen. Die Variation des Beladungszustands wird mithilfe von Gewichtsmatten in der Reserveradmulde im Kofferraum erreicht. Die zusätzliche Beladung entspricht etwa 11 % der Gesamtfahrzeugmasse. Da die Beladung bezüglich der Fahrzeuglängsachse auf Höhe der Hinterachse platziert ist, folgt damit eine Verschiebung des Schwerpunkts nach hinten, wodurch der Seitenkraftbedarf zur Hinterachse hin erhöht wird. Gleichzeitig wird das Verhalten der Achse beeinflusst. Durch die zusätzliche Beladung wird durch die Einfederung der Arbeitspunkt der Achse verschoben. Des Weiteren hängt die Schräglaufsteifigkeit der Achse aufgrund des Einflusses des Reifens von der Beladung ab. Eine genaue Diskussion über die physikalischen Einflüsse ist im weiteren Verlauf der Arbeit in Kapitel 5 zu finden. Vorwegnehmend ist zu nennen, dass der linear mit der Masse zunehmende Seitenkraftbedarf aufgrund des degressiven Reifenverhaltens bezüglich der Vertikalkraft nicht kompensiert wird. Daraus folgt, dass das Fahrzeugverhalten mit zunehmender Hinterachsbeladung übersteuernder wird.

Die beschriebenen Variationen in Form der unterschiedlichen Bereifungen und der veränderten Beladung resultieren in vier Fahrzeugvarianten, die im Rahmen der Versuchsfahrten analysiert werden. Diese sind in Tabelle 4.2 dargestellt und mit den Namen Variante 1 bis Variante 4 benannt.

Tabelle 4.2: Übersicht der Fahrzeugvarianten im Fahrversuch

	Unbeladen	Beladen +11 %
17″ Räder	Variante 1	Variante 2
20″ Räder	Variante 3	Variante 4

4.1.3 Subjektivbewertungsbogen

Die verschiedenen Fahrzeugvarianten werden durch die Probanden mithilfe eines entsprechenden Bewertungsbogens subjektiv evaluiert. Dieser orientiert sich an den Bewertungskriterien des etablierten Applikationsprozesses und umfasst eine Bewertungsskala von 1 (schlecht) bis 10 (ausgezeichnet). Der verwendete Fragebogen ist in Abbildung A1.1 im Anhang dargestellt. Die Kriterien sind außerdem in der Tabelle 4.3 zusammengefasst und werden nachfolgend erläutert. Im Einzelnen werden die Kriterien der *Anlenkphase* $K_{An,1}$ bis $K_{An,3}$ und die Kriterien der *Dynamikphase* $K_{Dyn,1}$ bis $K_{Dyn,6}$ definiert.

Der Bewertungsbogen dient der Bewertung des Manövers einfacher Spurwechsel wie es in Kapitel 4.1.1 beschrieben ist. Dabei wird das Manöver in zwei Phasen untergliedert. Die erste Phase ist als *Anlenkphase* bezeichnet, die zweite Phase als *Dynamikphase*. Die *Anlenkphase* ist dadurch gekennzeichnet, dass sie den Beginn des querdynamischen Manövers darstellt. Wie die Bezeichnung andeutet wird in dieser Phase der Lenkvorgang initiiert. Dabei wird eine Gierbewegung des Fahrzeugs und die Querbeschleunigung aufgebaut.

Die *Dynamikphase* bezeichnet die Phase des Manövers, in der der Lenkradwinkel δ_L wieder abnimmt und schließlich sein Vorzeichen wechselt, um das Fahrzeug in der Pylonengasse zu führen. Wird das Manöver bei entsprechend hoher Geschwindigkeit gefahren, droht das Fahrzeug auszubrechen. Diesem Vorgang ist entweder durch gezielte Bremseingriffe des Bremsregelsystems oder durch schnelle Lenkeingriffe des Fahrers entgegenzuwirken. Diese Manöverphase eignet sich somit zur Bewertung der Fahrzeugstabilität. Die beiden Phasen sind in Abbildung 4.2 in den Verlauf der Pylonengasse eingeordnet.

Die expliziten Kriterien der *Anlenkphase* sind in die drei Untergruppen *Lenkung*, *Gierneigung* und *Agilisierungseingriff* untergliedert. Der Bereich *Lenkung* wird durch das Kriterium *Notwendiger Lenkaufwand* ($K_{An,1}$) bewertet.

Tabelle 4.3: Subjektive Bewertungskriterien des Manövers einfacher Spurwechsel gemäß dem Subjektivbewertungsbogen nach Abbildung A1.1 in Anhang A.1

Kriterium	Manöverphase	Beschreibung
	Anlenkphase	
		Lenkung
$K_{An,1}$		Notwendiger Lenkaufwand
		Gierneigung
$K_{An,2}$		Reaktion
		Agilisierungseingriff
$K_{An,3}$		Stärke des Eingriffs
	Dynamikphase	
		Lenkung
$K_{Dyn,1}$		Notwendiger Lenkaufwand
		Fahrzeugdynamik
$K_{Dyn,2}$		Ausprägung Gegenschlag
$K_{Dyn,3}$		Betrag Querstehen
$K_{Dyn,4}$		Dauer Querstehen
		Stabilisierungseingriff
$K_{Dyn,5}$		Stärke des Eingriffs
$K_{Dyn,6}$		Dauer des Eingriffs

Die *Gierneigung* wird mithilfe des Kriteriums *Reaktion* ($K_{An,2}$) und die Evaluierung des *Agilisierungseingriffs* wird durch das Kriterium *Stärke des Eingriffs* ($K_{An,3}$) erfasst. Die beiden erstgenannten Kriterien zielen auf den Zusammenhang zwischen der Lenkeingabe und der resultierenden Fahrzeugreaktion ab. Beim Anlenken findet je nach Applikation des Bremsregelsystems meist ein kurveninnerer Bremseingriff statt, um ein zusätzliches Giermoment zu erzeugen. Die Güte dieses Eingriffs wird durch das Kriterium $K_{An,3}$ bewertet.

Die verwendeten Kriterien für die *Dynamikphase* sind in die drei Untergruppen *Lenkung*, *Fahrzeugdynamik* und *Stabilisierungseingriff* unterteilt. In der Untergruppe Lenkung wird das explizite Kriterium *Notwendiger Lenkaufwand* ($K_{Dyn,1}$) abgefragt. Dieses fragt den subjektiv notwendigen Lenkaufwand ab, den der Fahrer geleistet hat, um das Fahrzeug stabil der Trajektorie folgen zu lassen. Die Kriterien *Ausprägung Gegenschlag* ($K_{Dyn,2}$), *Betrag Querstehen* ($K_{Dyn,3}$) und *Dauer Querstehen* ($K_{Dyn,4}$) sind der Gruppe *Fahrzeugdynamik* zugeordnet. Während das Kriterium *Ausprägung Gegenschlag* auf das Überschwingen der Fahrzeugbewegung abzielt, adressieren die Kriterien *Betrag Querstehen* und *Dauer Querstehen* die Fahrdynamikgröße Schwimmwinkel.

Die Untergruppe *Stabilisierungseingriff* enthält die Kriterien *Stärke des Eingriffs* ($K_{Dyn,5}$) und *Dauer des Eingriffs* ($K_{Dyn,6}$). Diese beziehen sich auf die Bremseingriffe des Bremsregelsystems, die zur Stabilisierung der Fahrzeugbewegung gestellt werden. Abschließend besteht die Möglichkeit für die Probanden, *Sonstige Auffälligkeiten* zu benennen. Aus Sicht der Versuchsauswertung wird damit die Möglichkeit eröffnet, nicht vorhergesehene Phänomene zu erfassen und bei der Auswertung zu berücksichtigen.

4.2 Auswertung der Versuchsfahrten

4.2.1 Auswertung der subjektiven Bewertungen

Die Versuchsfahrten werden von acht Probanden durchgeführt, wobei jeder die vier vorgestellten Varianten gemäß Tabelle 4.2 fährt. Die Teilnehmenden absolvieren mit jeder Fahrzeugkonfiguration so viele Versuche, wie sie für die dezidierte Bewertung für erforderlich halten. Im Durchschnitt werden etwa fünf bis zehn Versuche pro Proband und Fahrzeugvariante durchgeführt. Aufgrund dessen werden in der Gesamtheit mehr als 200 Manöver aufgezeichnet, die statistisch ausgewertet werden. Für die subjektive Bewertung wird von jedem Teilnehmenden ein Bewertungsbogen pro Fahrzeugvariante ausgefüllt, also insgesamt vier je Proband.

Aus der Anzahl von acht Probanden, die jeweils vier Fahrzeugvarianten prüfen, folgen 32 ausgefüllte Fragebögen. Jeder Fragebogen enthält die neun in Kapitel 4.1.3 dargestellten Fragen. Der Agilisierungseingriff in der *Anlenkphase* wird von den Teilnehmenden nicht wahrgenommen. Bei der Analyse der Messdaten ist ein solcher Eingriff kurveninnen zwar erkennbar, aber offenbar nicht stark genug, um subjektiv erfasst zu werden. Somit wird das Kriterium aus der Kategorie *Agilisierungseingriff* aus der Auswertung entfernt, sodass acht Kriterien verbleiben.

Das von den Probanden wahrgenommene Fahrzeugverhalten in dem betrachteten Manöver wird in einem Fragebogen festgehalten. Dabei ist zu vermuten, dass die Antworten der Probanden zwischen den einzelnen Bewertungskriterien korrelieren und die eigentliche Bewertung durch weniger latente Bewertungskriterien auszudrücken ist. Ein Verfahren, um solche Kriterien zu identifizieren, ist die Hauptkomponentenanalyse (aus dem Englischen von *Principal Component Analysis*, PCA) [102], [151]. Diese gliedert sich in vier grundlegende Schritte, die nachfolgend sukzessive durchführt und erläutert werden [9]:

1. Test der Versuchsdaten auf ihre Eignung für die PCA

2. Festlegung der Anzahl der zu betrachtenden Hauptkomponenten

3. Mathematische Durchführung der PCA

4. Interpretation der Ergebnisse der PCA

Um die Daten auf ihre Eignung für die PCA zu testen, existieren verschiedene mathematische Verfahren. Diese basieren auf Untersuchungen der Korrelationen innerhalb der Testdaten. Zwei etablierte Verfahren sind das Kaiser-Meyer-Olkin-Kriterium und der Bartlett-Test auf Sphärizität [9], [53], [205]. Das Kaiser-Meyer-Olkin-Kriterium berechnet sich gemäß Gl. 4.1:

$$KMO = \frac{\sum\limits_{j \neq k} r_{jk}^2}{\sum\limits_{j \neq k} r_{jk}^2 + \sum\limits_{j \neq k} p_{jk}^2} \qquad \text{Gl. 4.1}$$

Dabei bezeichnet r_{jk} die Korrelation und p_{jk} die partielle Korrelation zwischen den Variablen. Der Wert des Kriteriums KMO nimmt Werte zwischen 0 und 1 an. Hohe Werte entsprechen einer guten Eignung für die PCA. Dieses Kriterium wird als das beste verfügbare Kriterium zur Beurteilung der Korrelationsmatrix der Versuchsdaten angesehen [181]. Der Bartlett-Test auf Sphärizität testet, ob die Korrelationsmatrix in der Grundgesamtheit der Einheitsmatrix entspricht. Dieser Test setzt jedoch die Normalverteilung der Erhebungsgesamtheit voraus [9]. Diese Voraussetzung wird durch die vorliegenden Daten nicht erfüllt, weshalb nur das Ergebnis des Kaiser-Meyer-Olkin-Kriteriums in Form des Kennwerts KMO betrachtet wird. Dieser Kennwert beträgt KMO = 0,83, womit die Daten gemäß KAISER „verdienstvoll" (aus dem Englischen von *meritorious*) für die Hauptkomponentenanalyse geeignet sind [9], [106]. Ein Wert KMO < 0,5 gilt als ungeeignet für die PCA, ein Wert KMO > 0,8 gilt als wünschenswert [44], [105].

Bei der Reduktion der Variablen auf eine geringere Anzahl latenter Variablen wird der Informationsgehalt reduziert. Da die vorliegenden Daten jedoch korreliert sind, trägt nicht jede Hauptkomponente den selben Informationsgehalt, sodass die Reduktion auf wenige Hauptkomponenten dennoch einen überproportional hohen Anteil der ursprünglichen Informationen enthält. Zur Festlegung, wie viele Hauptkomponenten zu betrachten sind und wie hoch dabei der verbleibende Informationsgehalt ist, existieren verschiedene Bewertungsverfahren.

Solche Verfahren sind der Scree-Test, das Kaiser-Guttman-Kriterium und die Parallelanalyse [34], [53], [74], [77], [88], [205]. Außerdem besteht die Möglichkeit, mithilfe der Eigenwerte zu berechnen, welcher Anteil der gesamten Varianz durch die jeweilige Hauptkomponente erklärt wird [9]. Die genannten Verfahren werden betrachtet, um die ideale Anzahl an Hauptkomponenten für das spezifische Problem festzulegen. Dabei ist anzumerken, dass keine eindeutige Vorschrift existiert und eine Abwägung des Anwenders unter Zuhilfenahme der genannten Kriterien notwendig ist [9]. Die Verfahren werden anhand der Darstellung in Abbildung 4.3 erklärt. Die Abbildung zeigt die Eigenwerte der Kovarianzmatrix der Testdaten nach abnehmender Wertefolge sortiert. Die subjektiven Bewertungen der Probanden werden dazu für alle Probanden und für alle Fahrzeugvarianten in eine Matrix überführt und die Kovarianz berechnet.

Der Scree-Test betrachtet, wie die Eigenwerte zueinander liegen. Die Stelle, an der die Differenz zweier Eigenwerte am größten ist, stellt grafisch einen Knick dar. In [145] zeigt BÜHNER auf, dass bestimmte Autoren nur die Eigenwerte bis zur Knickstelle als wichtig erachten, andere diese jedoch mit einschließen. Der Scree-Test empfiehlt somit bei der konservativen Auslegung inklusive der Knickstelle die Verwendung von zwei Faktoren und folglich zwei Hauptkomponenten. Das Kaiser-Guttman-Kriterium sagt aus, dass die Anzahl der zu be-

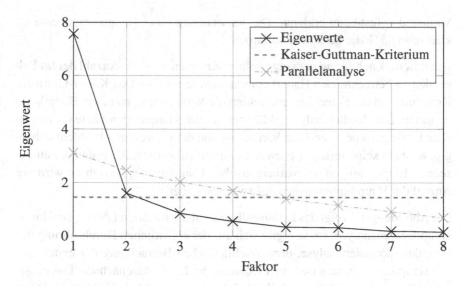

Abbildung 4.3: Festlegung der Anzahl der zu betrachtenden Hauptkomponenten anhand der Eigenwerte der Testdaten

trachtenden Faktoren durch die gestrichelte horizontale Trennlinie festgelegt wird [74]. Diese Trennlinie entspricht mathematisch dem Mittelwert der Eigenwerte [104]. In Abbildung 4.3 liegen zwei Eigenwerte oberhalb dieser Linie. Damit trifft das Kaiser-Guttman-Kriterium die Entscheidung, zwei Hauptkomponenten zu betrachten.

Die Parallelanalyse nach HORN vergleicht die Eigenwerte, die aus den Versuchsdaten ermittelt werden, mit Eigenwerten von Zufallszahlen [88], [141]. Dabei werden Zufallsdatensätze erzeugt und die Eigenwerte dieser Datensätze unter der Anwendung von Hauptkomponentenanalysen ermittelt. Aus der statistischen Verteilung der Größe der Eigenwerte wird ein Vergleichsmaßstab gewonnen und die Eigenwerte oberhalb dieser Grenze als relevant eingestuft [205]. Diese Grenze ist in Abbildung 4.3 als Strichpunktlinie dargestellt. Im konkreten Fall liegt lediglich ein Eigenwert oberhalb der Vergleichslinie. Neben den in Abbildung 4.3 veranschaulichten Kriterien gilt zusätzlich als anschauliche Erklärung, dass zwei Hauptkomponenten etwa 79 % der gesamten

Varianz der Testdaten erklären. Die Verwendung einer Hauptkomponente erklärt rund 65 % der gesamten Varianz.

Unter Berücksichtigung der vorgestellten Kriterien wird die Anzahl der im Folgenden zu betrachtenden Hauptkomponenten festgelegt. Das Kaiser-Guttman-Kriterium und der Scree-Test empfehlen die Verwendung von zwei Hauptkomponenten. Die Parallelanalyse erklärt bereits eine Hauptkomponente für ausreichend. Die geforderte erklärte Varianz ist von dem jeweiligen Problem abhängig, weshalb keine festen Grenzwerte empfohlen werden. Aufgrund der aufgezeigten Empfehlungen der mathematischen Untersuchungsverfahren wird die Anzahl der Hauptkomponenten auf zwei festgelegt.

Die Abbildung 4.4 zeigt das Ladungsdiagramm der rotierten Lösung der Hauptkomponentenanalyse. Diese ergibt sich aus der eigentlichen Durchführung der Hauptkomponentenanalyse, der ausschließlichen Betrachtung der ersten beiden Hauptkomponenten und einer Rotation der Koordinatenachsen. Das eingesetzte Rotationsverfahren wird als Varimax bezeichnet [9], [77], [103]. Diese Rotation maximiert die Varianz der Ladungsquadrate der Faktoren. Dies ist der Fall, wenn ein Teil der Ladungen groß und der andere Teil klein wird. Die Folge ist, dass die Zuordnung der Variablen zu den Koordinatenachsen eindeutiger wird ohne dabei das Ergebnis inhaltlich zu verändern.

Dabei stellt die Abszisse die erste Hauptkomponente und die Ordinate die zweite Hauptkomponente dar. Die Linien repräsentieren die ursprünglichen Kriterien, die in Kapitel 4.1.3 eingeführt sind. Die eingezeichneten Vektoren geben also an, mit welchen Gewichtungsfaktoren die ursprüngliche Größe auf die beiden Hauptkomponenten lädt. Diese Erklärung begründet auch die Bezeichnung der Darstellung als Ladungsdiagramm. Zusätzlich zu den Vektoren sind einzelne Punkte eingezeichnet. Diese sind die 32 Datenpunkte, die in der Darstellung gemäß der Transformationsvorschrift der Hauptkomponentenanalyse auf die beiden Hauptkomponenten transformiert sind. Ein Punkt beschreibt also die Bewertung einer Fahrzeugkonfiguration durch einen Probanden im zweidimensionalen Bewertungsraum, der durch die beiden Hauptkomponenten aufgespannt wird.

Der abschließende Schritt ist die Interpretation der PCA. Diese erfolgt auf der Grundlage des Ladungsdiagramms nach Abbildung 4.4. Auffallend ist, dass zwei Vektoren vorwiegend in Richtung der zweiten Hauptkomponente ver-

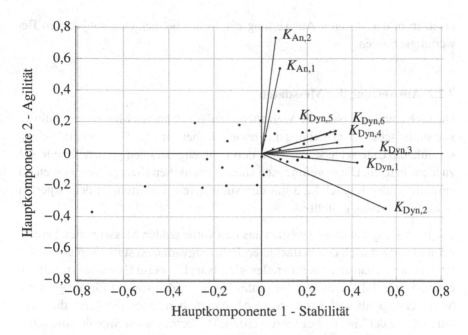

Abbildung 4.4: Ladungsdiagramm der rotierten Lösung der Hauptkomponentenanalyse, Bezeichnungen gemäß Tabelle 4.3

laufen. Diese repräsentieren die beiden Kriterien *Notwendiger Lenkradwinkel* ($K_{An,1}$) und *Reaktion* ($K_{An,2}$) aus der ersten Phase des Manövers, also der *Anlenkphase*. Die übrigen Kriterien bewerten die *Dynamikphase* und laden überwiegend auf die erste Hauptkomponente ($K_{Dyn,1}$ bis $K_{Dyn,6}$).

Die beiden gewählten Hauptkomponenten spiegeln etwa 79 % der ursprünglich vorhandenen Informationen wider. Diese reduzierte Bewertung besteht im Wesentlichen aus der Bewertung von zwei klar trennbaren Faktoren. Diese Faktoren werden im Folgenden als Stabilität und Agilität bezeichnet. Die Agilität ist zur ersten Phase des Manövers und die Stabilität zur zweiten Phase des Manövers zugehörig. Die ursprünglichen Kriterien der subjektiven Bewertung werden mithilfe der ermittelten Transformationsvorschrift durch eine Linearkombination in die beiden neuen, latenten Bewertungskriterien überführt. Die so erhaltenen Bewertungskriterien werden als K_{Stab} und K_{Agil} bezeichnet. Sie ersetzen in der weiteren Auswertung die bisher betrachteten subjektiven Bewertungskriterien.

4.2.2 Auswertung der Messdaten

Dieses Kapitel analysiert die Vielzahl der aufgezeichneten Messungen mithilfe von statistischen Untersuchungsmethoden. Dabei wird der Fokus darauf gelegt, signifikante Unterschiede zwischen den Fahrzeugvarianten gemäß Tabelle 4.2 zu identifizieren. Die so gefundenen charakteristischen Kenngrößen werden im anschließenden Kapitel 4.2.3 mit den subjektiven Bewertungen der Experten in Zusammenhang gestellt.

Die Bewertungskennwerte werden aus den vorliegenden Messsignalen berechnet und sortiert nach den betrachteten Fahrzeugvarianten statistisch ausgewertet. Die mathematischen Kenngrößen sind beispielsweise Extremwerte, Gradienten, Spitze-Tal-Werte oder Integrale. Diese werden sowohl für die gesamte Manöverlänge als auch für einzelne Abschnitte berechnet, die durch die Nulldurchgänge der Signale begrenzt werden. Die betrachteten Signale sind unter anderem die Gierrate $\dot{\psi}$, der Lenkradwinkel δ_L, die Querbeschleunigung a_y oder die beiden Schwimmwinkel im Schwerpunkt β und an der Hinterachse β_{HA}.

Um einen Zusammenhang zwischen der subjektiven Bewertung und den ermittelten charakteristischen Kennwerten herzustellen, ist es notwendig, dass die Kennwerte sich über die Fahrzeugvarianten statistisch signifikant unterscheiden. Da die Kennwerte gemäß dem nach LILLIEFORS angepassten Kolmogorow-Smirnow-Test nicht normalverteilt sind, wird zum Testen auf signifikante Unterschiede ein parameterfreier statistischer Test verwendet [114]. Dazu wird der Kruskal-Wallis-Test ausgewählt [77], [110], [161]. Dieser testet mithilfe eines Hypothesentests, ob die Stichproben einer gemeinsamen Population entstammen. Dabei wird die Nullhypothese H_0 gegen die Alternativhypothese H_1 getestet, die der folgenden Definition gehorchen:

H_0:   Die Daten der Varianten entstammen der gleichen Population

H_1:   Die Daten der Varianten entstammen unterschiedlichen Populationen

Für den Test wird das Signifikanzniveau a priori auf den Wert $\alpha = 0{,}05$ festgelegt. Dieser Wert wird vielfach verwendet und empfohlen [9], [20], [153]. Liefert die Teststatik einen p-Wert kleiner oder gleich dem Signifikanzniveau, also $p \leq \alpha$, wird die Nullhypothese verworfen und die Alternativhypothese angenommen. Das Signifikanzniveau stellt dabei die Wahrscheinlichkeit dafür dar, signifikante Unterschiede anzunehmen, obwohl die Messdaten der gleichen Verteilung entstammen. Dieser Fehler wird in der Statistik als Fehler 1. Art bezeichnet [77], [111], [162].

In Kapitel 4.2.1 wird gezeigt, dass der dominierende Anteil der subjektiven Bewertung des Fahrmanövers durch die zwei Kriterien K_{Stab} und K_{Agil} als Stabilität und Agilität zu beschreiben ist. Um diese beiden Bewertungskriterien durch objektive Kenngrößen auszudrücken, sind zwei charakteristische Kennwerte erforderlich. Die Auswahl dieser Kennwerte erfolgt auf Basis mehrerer Kriterien:

1. Der Kennwert zeigt signifikante Unterschiede zwischen den Fahrzeugvarianten, also $p_{Mess} \leq \alpha$

2. Die Korrelation des Kennwerts mit der subjektiven Bewertung ist hoch, also $|r| \geq r_{Grenz}$

3. Die benannte Korrelation ist signifikant, also $p_{Korr} \leq \alpha$

Auf der Basis dieser drei Kriterien werden zwei objektive Kennwerte definiert. Die Korrelationsuntersuchungen werden im nachfolgenden Kapitel 4.2.3 im Detail aufgezeigt. Die Definition der beiden Kennwerte erfolgt auf der Grundlage von Abbildung 4.5. Die Abbildung stellt den zeitlichen Verlauf der Signale Querbeschleunigung a_y und Schwimmwinkel an der Hinterachse β_{HA} in normierter Form für eine exemplarisch ausgewählte Messung in Abhängigkeit der Zeit dar. Auf der Abszisse sind die Zeitpunkte der Nulldurchgänge der Signale als $t_{a_y,i}$ bzw. $t_{\beta_{HA},i}$ benannt.

Das erste Kriterium beschreibt die Stabilität und wird als KW_{Stab} bezeichnet. Seine Definition erfolgt mithilfe des Schwimmwinkels an der Hinterachse β_{HA} sowie der Querbeschleunigung a_y. Das Kriterium entspricht der Fläche unterhalb des zeitlichen Verlaufs des Schwimmwinkels an der Hinterachse β_{HA} mit einer Normierung auf die in der zweiten Phase des Manövers maximal auftretende Querbeschleunigung. Die benannte Normierung führt zu signifikanteren

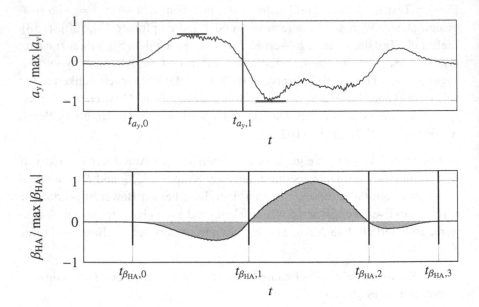

Abbildung 4.5: Definition der objektiven Bewertungskennwerte auf Basis
der Querbeschleunigung a_y und des Schwimmwinkels der
Hinterachse β_{HA}

Unterschieden gegenüber der Berechnung des Kennwerts ohne diese Normierung. Damit wird dem höheren Schwimmwinkelbedarf bei höheren Querbeschleunigungen Rechnung getragen. Der Kennwert ist in Abbildung 4.5 als
Fläche unterhalb der Kurve veranschaulicht und in Gl. 4.2 mathematisch definiert.

$$KW_{Stab} = \int_{t_{Start}}^{t_{Ende}} \frac{|\beta_{HA}|}{\max\limits_{t_{a_y,1} < t < t_{a_y,Ende}} |a_y|} \, dt \qquad \text{Gl. 4.2}$$

Dabei bezeichnet t_{Start} den zeitlichen Beginn des Manövers und t_{Ende} den Zeitpunkt zum Ende des Versuchs. Die Verwendung des Betrags stellt sicher, dass
die Fläche unterhalb der Kurve berechnet wird und sich die orientierten Flä-

cheninhalte nicht kompensieren [158]. Aufgrund der physikalischen Definition mithilfe des Schwimmwinkels an der Hinterachse β_{HA} steht ein niedrigerer Kennwert für ein stabileres Fahrzeugverhalten.

Das zweite Kriterium beschreibt die Agilität des Fahrzeugs. Die Agilität wird durch die maximal auftretende Querbeschleunigung in der ersten Manöverphase, also der *Anlenkphase*, beschrieben. Dieser Wert ist in Abbildung 4.5 durch eine horizontale Linie zwischen den Zeitpunkten $t_{a_y,0}$ und $t_{a_y,1}$ charakterisiert. Die mathematische Definition ist Gl. 4.3 zu entnehmen.

$$KW_{\text{Agil}} = \max_{t_{a_y,0} < t < t_{a_y,1}} |a_y| \qquad \text{Gl. 4.3}$$

Die Verwendung des Betrags stellt sicher, dass der Kennwert auch für Manöver anwendbar ist, die aufgrund der Lenkrichtung eine negative Querbeschleunigung in der *Anlenkphase* aufweisen. Ein höherer Wert für KW_{Agil} steht für ein agileres Fahrzeugverhalten.

4.2.3 Untersuchung der Korrelation zwischen subjektiven und objektiven Versuchsergebnissen

Die in Kapitel 4.2.2 definierten objektiven Kennwerte KW_{Stab} und KW_{Agil} werden auf Korrelationen mit den subjektiven Bewertungen der beiden latenten Bewertungskriterien K_{Stab} und K_{Agil} untersucht. Die benannten Zusammenhänge sind grafisch in Abbildung 4.6 dargestellt. Die Abbildung ist in zwei einzelne Darstellungen untergliedert, wobei die Linke den Zusammenhang für die Stabilität und die rechte den für die Agilität zeigt. Die Abszisse repräsentiert dabei den Wert des objektiven Kriteriums, die Ordinate den Wert der subjektiven Bewertung. Die Werte des objektiven Kriteriums entstehen über die Bildung des Medians über die Fahrzeugvarianten. Das heißt aus allen zu einer Fahrzeugvariante gehörenden Messungen wird der Median des betrachteten Kennwerts gebildet. Ein ähnliches Vorgehen wird für die Synthese der subjektiven Bewertungen angewendet. Die Werte stellen den Median der Bewertung aller teilnehmenden Probanden dar. Die eingezeichneten Geraden stellen Regressionsgeraden dar. Die Legende zeigt die Zuordnung der Fahrzeugkonfiguration zu den eingetragenen Symbolen.

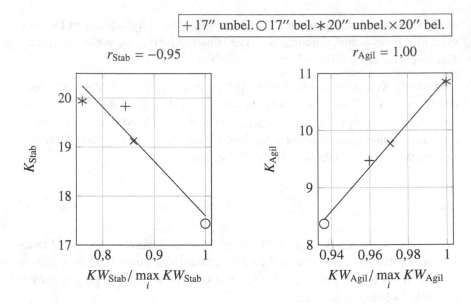

Abbildung 4.6: Korrelation der subjektiven und objektiven Bewertungskriterien des Spurwechsels

Die Darstellung zeigt, dass die nach Tabelle 4.2 als Variante 3 definierte Konfiguration mit 20″ Rädern ohne zusätzliche Beladung in beiden Bewertungskriterien subjektiv die höchste Benotung erhält. Gleichzeitig zeigt diese Konfiguration gemäß der objektiven Bewertungskennwerte KW_{Stab} und KW_{Agil} die höchste Stabilität und auch die höchste Agilität. Die als Variante 2 definierte Konfiguration mit 17″ Rädern und zusätzlicher Beladung erhält subjektiv die niedrigste Benotung. Dies steht in Einklang mit den Zahlenwerten der objektiven Kennwerte. Die beiden anderen Varianten sind zwischen den genannten einzuordnen.

Die mathematischen Ergebnisse der Korrelationsanalyse sind in Tabelle 4.4 zu finden. Die Werte sind dabei auf zwei Nachkommastellen gerundet. Der Wert $r_{Stab} = -0{,}95$ stellt den Korrelationskoeffizienten nach Pearson dar und zeigt an, dass hinsichtlich der Stabilität zwischen der subjektiven Bewertung und dem objektiven Kriterium gemäß Gl. 4.2 eine sehr hohe Korrelation vorhanden ist und die Bedingung $|r_{Stab}| \geq r_{Grenz}$ erfüllt ist. Das negative Vorzeichen zeigt an, dass ein kleinerer Wert für KW_{Stab} mit einer besseren subjektiven Bewertung einhergeht, was aus physikalischer Sicht nachvollziehbar ist. Der Korrelationskoeffizient nach Pearson unterstellt dabei einen linearen Zusammenhang zwischen den Größen [144]. Die Größe $p_{\text{Stab,Mess}} = 0,05 \leq \alpha$ repräsentiert das Resultat des Kruskal-Wallis-Tests. Der Hintergrund wird in 4.2.2 erklärt. Der Wert sagt aus, dass der objektive Kennwert signifikante Unterschiede zwischen den Fahrzeugkonfigurationen aufweist und somit als Bewertungskriterium geeignet ist. Der Wert der Größe $p_{\text{Stab,Korr}} = 0,00 \leq \alpha$ mit dem Signifikanzniveau α zeigt zusätzlich an, dass die gefundene Korrelation signifikant und nicht zufällig ist.

Tabelle 4.4: Ergebnisse der Korrelationsanalyse von subjektiver und objektiver Bewertung der Fahrzeugeigenschaften

Größe	Wert
r_{Stab}	−0,95
$p_{\text{Stab,Mess}}$	0,05
$p_{\text{Stab,Korr}}$	0,00
r_{Agil}	1,00
$p_{\text{Agil,Mess}}$	0,00
$p_{\text{Agil,Korr}}$	0,00

Die identischen Betrachtungen werden für die Bewertung der Agilität des Fahrzeugs durchgeführt. Die Untersuchungen basieren auf den Datenpunkten, die im rechten Teil der Abbildung 4.6 dargestellt sind. Der Korrelationskoeffizient $r_{\text{Agil}} = 1,00 \geq r_{\text{Grenz}}$ zeigt eine sehr hohe Korrelation an. Außerdem sind der mithilfe der Messdaten ermittelte objektive Kennwert über die Fahrzeugvarianten und der zugehörige Korrelationskoeffizient signifikant, also aus statistischer Sicht nicht zufällig. Dies zeigen die beiden Werte $p_{\text{Agil,Mess}} = 0,00$ und $p_{\text{Agil,Korr}} = 0,00$.

Damit ist gezeigt, dass die beiden subjektiven Hauptbewertungskriterien durch die definierten objektiven Kennwerte gemäß Gl. 4.2 und Gl. 4.3 wiedergegeben werden. Die Betrachtung dieser charakteristischen Kennwerte ermöglicht somit die objektive Bewertung des Fahrzeugverhaltens und berücksichtigt dabei die subjektive Bewertungsmethode der Experten.

4.3 Definition eines äquivalenten open-loop Manövers

Das zuvor betrachtete Fahrmanöver einfacher Spurwechsel, wie es in Kapitel 4.1.1 definiert ist, stellt ein closed-loop Manöver dar. Somit besteht eine Abhängigkeit zwischen der Fahrereingabe, insbesondere der Lenkradwinkeleingabe, und der Fahrzeugreaktion. Es wird also das Gesamtsystem bestehend aus Fahrer und Fahrzeug betrachtet [46], [57]. Die umfassende Beschreibung der Manöverarten ist Kapitel 2.2.2 zu entnehmen. Das Vorhandensein eines Fahrers im Regelkreis führt außerdem dazu, dass für die Simulation solcher Manöver ein Fahrerregler erforderlich ist.

In Kapitel 2.2.2 sind die Herausforderungen der Modellierung eines Fahrers beschrieben, wobei diese allgemein hin als aufwendig und fehleranfällig charakterisiert wird [21], [101], [115]. Open-loop Manöver sind unabhängig von einem Fahrer, weshalb sie die reproduzierbare und messbare Bewertung des Fahrzeugverhaltens bei einer hohen Vergleichbarkeit ermöglichen [124], [173]. Darüber hinaus erfordern sie übertragen in die Simulation keinen Fahrerregler. Die Fahrereingabe wird bei dieser Manöverart gesteuert, das heißt Größen wie zum Beispiel der Lenkradwinkel sind nicht von der Fahrzeugreaktion abhängig. Aus den genannten Gründen wird ein open-loop Manöver gewählt, das äquivalente Aussagen wie das closed-loop Manöver einfacher Spurwechsel nach Kapitel 4.1.1 ermöglicht.

Die notwendige Anforderung für ein solches Manöver ist, dass es die für das closed-loop Manöver definierten objektiven Bewertungskennwerte widerspiegelt. Dieser Nachweis wird nachfolgend mithilfe einer Korrelationsanalyse zwischen Kennwerten aus zwei verschiedenen Manövern geführt. Dabei wird ein Grundfahrzeug gewählt, das Variante 1 in Tabelle 4.2 entspricht. Mithilfe von Zufallsverfahren werden ausgewählte Fahrzeugparameter variiert und damit in der Simulation eine Vielzahl unterschiedlicher Fahrzeugvarianten erzeugt. Die Werte der objektiven Bewertungskennwerte der beiden Manöver werden systematisch mithilfe einer Korrelationsuntersuchung verglichen. Die veränderten Parameter sind im Einzelnen:

- Die Schräglaufsteifigkeiten der Reifen
- Der Längs- und der Querreibwert der Reifen
- Die Beladung an der Vorder- und an der Hinterachse

Das verbreitetste open-loop Manöver für die Bewertung des Fahrverhaltens von Fahrzeugen mit Bremsregelsystem ist der Sinus mit Haltezeit nach der Regelung 13-H zur Homologation der Fahrzeuge [189]. Dieses wird ausgewählt und die ermittelten Bewertungskennwerte mit denen aus dem Manöver einfacher Spurwechsel auf Korrelationen untersucht.

Um die beiden Manöver Sinus mit Haltezeit und einfacher Spurwechsel zu vergleichen, ist die Simulation beider notwendig. Für die Simulation des Spurwechsels ist ein Fahrermodell für die Querdynamik des Fahrzeugs erforderlich, das den Lenkradwinkel in Abhängigkeit des Fahrzeugverhaltens adaptiert. Das Ziel bei dem Manöver ist die Einregelung einer vordefinierten Trajektorie [96]. Diese stellt die Regelgröße für den verwendeten Fahrerregler dar. Das Fahrermodell ist in Form einer kompensatorischen Regelung umgesetzt. Dieser Ansatz basiert auf der Arbeit von DONGES nach [50] und [51]. Er ist außerdem in [130] und [202] erläutert. Im Detail wird ausgehend von einer Solltrajektorie die laterale Position und der Gierwinkel des Fahrzeugs geregelt. Zusätzlich wird die Krümmung der Solltrajektorie des Fahrzeugs unter der Berücksichtigung einer Vorausschau modellbasiert vorgesteuert.

Die Ergebnisse dieser Untersuchung für die beiden Kennwerte zur Bewertung der Stabilität und der Agilität sind in Abbildungen 4.7 dargestellt. Der linke Teil der Abbildung zeigt auf der Abszisse die Stabilitätskennwerte für das Manöver einfacher Spurwechsel $KW_{\text{Stab,Spur}}$ und auf der Ordinate die Werte des gleichen Kennwerts, jedoch im Manöver Sinus mit Haltezeit ermittelt. Dieser Kennwert wird als $KW_{\text{Stab,Sinus}}$ bezeichnet und folgt nach wie vor der Definition gemäß Gl. 4.2. Die Kennwerte sind dabei auf den maximal in dieser Abbildung auftretenden Wert normiert.

Der Korrelationskoeffizient nach Pearson weist einen Wert von $r_{\text{Stab,Man}} = 0{,}90$ auf. Somit ist eine hohe Korrelation zwischen den Kennwerten der beiden Manöver vorhanden. Die Korrelation ist außerdem signifikant, was die Größe $p_{\text{Stab,Man}} = 0{,}00 \leq \alpha$ anzeigt. Dieses Ergebnis sagt aus, dass der definierte Kennwert zur Stabilitätsbewertung KW_{Stab} mit einer vergleichbaren Aussagefähigkeit auch in dem alternativ betrachteten open-loop Manöver Sinus mit Haltezeit zu ermitteln ist. Diese Prüfung wird auch für das Kriterium Agilität durchgeführt.

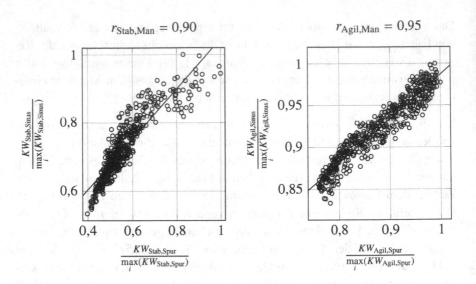

Abbildung 4.7: Korrelation der Eigenschaftskennwerte aus den Manövern Sinus mit Haltezeit und einfacher Spurwechsel

Abbildung 4.7 zeigt im rechten Teil den Zusammenhang für das Kriterium Agilität. Auf der Abszisse ist das Kriterium gemäß Gl. 4.3 für das Manöver einfacher Spurwechsel $KW_{Agil,Spur}$ aufgetragen. Nach der gleichen Vorschrift wird der Kennwert auch im Manöver Sinus mit Haltezeit berechnet und auf der Ordinate als Größe $KW_{Agil,Sinus}$ aufgetragen. Die mathematische Untersuchung zeigt einen Korrelationskoeffizienten nach Pearson von $r_{Agil,Man} = 0{,}95$. Die Größe $p_{Agil,Man} = 0{,}00 \leq \alpha$ weist zusätzlich die Signifikanz der Korrelation nach. Damit ist gezeigt, dass auch das zweite objektive Bewertungskriterium KW_{Agil} in dem Manöver Sinus mit Haltezeit zu ermitteln ist.

Damit ist gezeigt, dass die im closed-loop Manöver einfacher Spurwechsel gewonnenen Informationen über die Fahrzeugeigenschaften auch durch das open-loop Manöver Sinus mit Haltezeit bestimmbar sind. Die objektiven Bewertungskennwerte gemäß Definition in Gl. 4.2 und Gl. 4.3 werden dabei in beiden Manövern nach der gleichen Vorschrift bestimmt und weisen zwischen den Manövern eine starke Korrelation auf. Da das Manöver einfacher Spurwechsel wiederum einen Zusammenhang zwischen den objektiven Bewertungskennwerten und den subjektiven Einschätzungen aufweist, ist dieser auch auf das Manöver Sinus mit Haltezeit übertragbar. Da es sich bei dem Manöver Sinus mit Haltezeit darüber hinaus um ein open-loop Manöver handelt, ist es eine geeignete Basis für Untersuchungen mithilfe von Simulationsrechnungen.

4.4 Untersuchung des Zusammenhangs zum Grundfahrzeug

Die bisher durchführten Untersuchungen betrachten das Fahrzeugverhalten mit dem Bremsregelsystem. In der frühen Phase der Entwicklung ist bei neuen Entwicklungsprojekten häufig noch kein solches System verfügbar oder bei Nachfolgeprojekten lediglich das des Vorgängermodells vorhanden. Aus diesem Grund ist es von Interesse, ob Aussagen über das Verhalten des Fahrzeugs mit Bremsregelsystem aus dem Grundfahrzeug ohne Bremsregelsystem abzuleiten sind. Wird ein solcher Zusammenhang gefunden, besteht die Möglichkeit, im Entwicklungsprozess kritische Eckvarianten zu identifizieren, die stellvertretend für die gesamte Fahrzeugvarianz betrachtet werden. Diese Fokussierung ist aufgrund der Komplexität und der Varianz heutiger Fahrzeugprojekte notwendig. Angesichts der Kosten und Aufwände ist es nicht möglich, jede einzelne Variante bei der Entwicklung des Bremsregelsystems individuell zu berücksichtigen oder alle Varianten als physische Prototypen aufzubauen.

Das Vorgehen ist in Abbildung 4.8 dargestellt. Basierend auf den im vorausgegangenen Kapitel 4.2 definierten objektiven Bewertungskennwerten wird eine Korrelationsanalyse mit objektiven Kennwerten des Grundfahrzeugs ohne das Bremsregelsystem durchgeführt. Dabei werden Kennwerte gesucht, die sowohl eine starke als auch eine signifikante Korrelation zwischen den verglichenen Konfigurationen aufweisen. Die Grenzwerte werden dabei analog zu den vorherigen Betrachtungen als r_{Grenz} und α bezeichnet. Es findet also explizit ein Vergleich einer Fahrzeugvariante mit und einer Fahrzeugvariante ohne das Bremsregelsystem statt. Da das Bremsregelsystem auf der Fahrdynamik des Grundfahrzeugs aufbaut und mit diesem wechselwirkt, ist zu vermuten, dass das Verhalten des Grundfahrzeugs mit dem Fahrverhalten des Fahrzeugs mit dem Bremsregelsystem in Zusammenhang steht. Dazu wird die zu untersuchende Hypothese formuliert.

Hypothese: Die Betrachtung der fahrdynamischen Eigenschaften des
                        Grundfahrzeugs ohne das Bremsregelsystem ermöglicht
                        die Prognose der Eigenschaften des Fahrzeugs mit dem
                        Bremsregelsystem

Die Manöver einfacher Spurwechsel und Sinus mit Haltezeit betrachten den
fahrdynamischen Grenzbereich des Fahrzeugs. Das open-loop Manöver Lenkradwinkelrampe ermöglicht die Bewertung der Fahrzeugeigenschaften im gesamten Bereich der Querbeschleunigung a_y mitsamt dem fahrdynamischen
Grenzbereich. Dieses Manöver wird auf seine Eignung hin untersucht, Aussagen über das Fahrverhalten des geregelten Fahrzeugs zu prognostizieren.

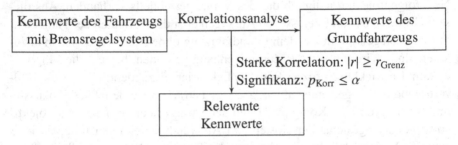

Abbildung 4.8: Vorgehen zur Untersuchung des Zusammenhangs des Fahrzeugs mit Bremsregelsystem und dem Grundfahrzeug

Die Untersuchung basiert darauf, die im Sinus mit Haltezeit definierten objektiven Kennwerte gemäß Gl. 4.2 und Gl. 4.3 mit objektiven Kennwerten aus
dem Manöver Lenkradwinkelrampe zu vergleichen. Die Vergleichskennwer-
te aus dem Manöver Lenkradwinkelrampe sind zum einen der Schwimmwinkelgradient an der Hinterachse im Grenzbereich SWG_{Grenz} und die maximal
auftretende Querbeschleunigung $a_{y,max}$. Die Definition des Schwimmwinkelgradienten an der Hinterachse SWG_{Grenz} gehorcht Gl. 4.4 und entspricht der
Bildung einer partiellen Ableitung des Hinterachsschwimmwinkels β_{HA} nach
der Querbeschleunigung a_y [48], [130], [147]. Der Gradient ist dabei als po-
sitiver Wert definiert und repräsentiert die Stabilität des Fahrzeugs [38], [46],
[73], [109].

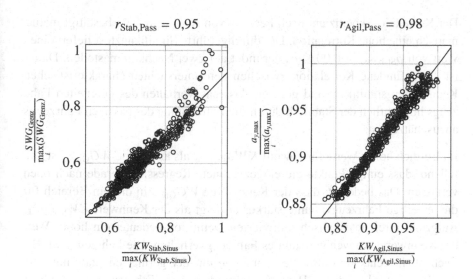

Abbildung 4.9: Korrelation der Eigenschaftskennwerte aus den Manövern Sinus mit Haltezeit und Lenkradwinkelrampe

$$SWG_{\text{Grenz}} = \frac{\partial \beta_{\text{HA}}}{\partial a_y}\bigg|_{\text{Grenz}} \qquad \text{Gl. 4.4}$$

Die Definition des Kennwerts maximale Querbeschleunigung $a_{y,\text{max}}$ ist Gl. 4.5 zu entnehmen. Er wird über die Bildung des Maximalwerts bestimmt.

$$a_{y,\text{max}} = \max a_y \qquad \text{Gl. 4.5}$$

Die Abbildung 4.9 stellt im linken Teil den Zusammenhang zwischen den Kennwerten $KW_{\text{Stab,Sinus}}$ und den Kennwerten SWG_{Grenz} dar. Dabei werden die gleichen Variationen der Fahrzeugparameter durchgeführt wie im vorherigen Unterkapitel, also die Variation der Reifeneigenschaften und der Beladung. Die Abszisse zeigt die Kennwerte des Manövers Sinus mit Haltezeit und die Ordinate zeigt die Kennwerte der Lenkradwinkelrampe. Die Werte sind auf den maximal in der Abbildung auftretenden Wert normiert.

Der Korrelationskoeffizient nach Pearson von $r_{\text{Stab,Pass}} = 0,95$ bestätigt mathematisch eine hohe Korrelation. Der durchgeführte Signifikanztest liefert einen Wert von $p_{\text{Stab,Pass}} = 0,00 \leq \alpha$, gerundet auf zwei Nachkommastellen. Damit ist die gefundene Korrelation zwischen den untersuchten charakteristischen Kennwerten signifikant und gezeigt, dass das Verhalten des geregelten Fahrzeugs hinsichtlich der Stabilität durch die Betrachtung des passiven Fahrzeugs abzuschätzen ist.

Im Bereich hoher Werte für sowohl $KW_{\text{Stab,Sinus}}$ als auch für SWG_{Grenz} ist auffallend, dass einige Punkte die eingezeichnete Regressionsgerade nach oben verlassen. Das bedeutet, dass der Kennwert SWG_{Grenz} in diesem Bereich für die jeweilige Fahrzeugvariante stärker ansteigt als der Kennwert $KW_{\text{Stab,Sinus}}$. Aufgrund ihrer physikalisch motivierten Definition bedeutet ein hoher Wert der Kennwerte ein weniger stabiles Fahrzeugverhalten. Die Fahrzeuge im Bereich oben rechts sind also die Fahrzeuge mit der geringsten Stabilität. Die detaillierte Analyse dieses Bereichs zeigt, dass diese Fahrzeuge im Manöver Lenkradwinkelrampe instabiles Verhalten zeigen, da das untersuchte Grundfahrzeug nicht durch das Bremsregelsystem stabilisiert wird. Der Schwimmwinkel an der Hinterachse erreicht also für hohe Querbeschleunigungen Werte $\beta_{\text{HA}} > 90°$, womit der Schwimmwinkelgradient übermäßig groß wird.

Der Wert SWG_{Grenz} wird dabei nicht bei der maximalen Querbeschleunigung bestimmt, weshalb er endlich bleibt. Das Bremsregelsystem stabilisiert diese Fahrzeuge im Manöver Sinus mit Haltezeit, sodass der Kennwert der Stabilität für das Fahrzeug mit dem Bremsregelsystem $KW_{\text{Stab,Sinus}}$ im Vergleich weniger stark ansteigt als der Stabilitätskennwert des Grundfahrzeugs SWG_{Grenz}. Im Entwicklungsprozess ist durch den Fahrzeughersteller sicherzustellen, dass solche Varianten nicht auf den Markt gebracht werden.

Die durchgeführten Untersuchungen zeigen, dass das Bremsregelsystem die Stabilität aller Fahrzeugvarianten erhöht, die Stärke der Eingriffe jedoch von der Stabilität des Grundfahrzeugs abhängt. Das Bremsregelsystem hat einen stärkeren Einfluss auf objektiv gesehen weniger stabile Fahrzeuge. Diese erfordern stärkere Eingriffe des Bremsregelsystems, weshalb der Stabilisierungseffekt bei solchen Fahrzeugen relativ gesehen höher ist. Damit kompensiert das Bremsregelsystem das überproportional weniger stabile Verhalten der Fahrzeugvarianten, die in Abbildung 4.9 oben rechts zu finden sind.

Abschließend wird untersucht, wie der Zusammenhang der betrachteten Manöver in Hinblick auf die Agilität des Fahrzeugs ist. Dazu wird das bekannte Kriterium der Agilität aus dem Sinus mit Haltezeit gemäß Gl. 4.3 herangezogen und als $KW_{\text{Agil,Sinus}}$ bezeichnet. Im Vergleich dazu wird die im Manöver Lenkradwinkelrampe maximal erreichte Querbeschleunigung $a_{\text{y,max}}$ betrachtet. Abbildung 4.9 trägt in der rechten Darstellung die Kennwerte des Manövers Lenkradwinkelrampe $a_{\text{y,max}}$ über den Kennwerten des Manövers Sinus mit Haltezeit $KW_{\text{Agil,Sinus}}$ auf. Die charakteristischen Kennwerte korrelieren mit einem Korrelationskoeffizienten nach Pearson von $r_{\text{Agil,Pass}} = 0{,}98$. Der durchgeführte Hypothesentest liefert einen Wert von $p_{\text{Agil,Pass}} = 0{,}00 \leq \alpha$ und zeigt somit die Signifikanz der hohen Korrelation. Auffälligkeiten wie bei dem untersuchten Zusammenhang der Stabilitätskennwerte treten nicht auf, da die Agilität des Fahrzeugs weniger stark durch das Bremsregelsystem beeinflusst wird und keine Instabilitäten auftreten.

Damit gilt ebenso wie für die Bewertung des Fahrzeugverhaltens hinsichtlich der Stabilität, dass durch die Betrachtung des passiven Fahrzeugs Abschätzungen hinsichtlich der Agilität des geregelten Fahrzeugs zu tätigen sind. Dieser Zusammenhang ist insbesondere für das Kriterium der Agilität naheliegend, da die auf ihre Korrelation untersuchten Kennwerte beide die maximale Querbeschleunigung betrachten. Das Manöver Sinus mit Haltezeit ist jedoch transient wohingegen das Manöver Lenkradwinkelrampe als quasistationär einzustufen ist. Außerdem wird das Maximum der Querbeschleunigung im Manöver Sinus mit Haltezeit explizit in der ersten Phase des Manövers nach Abbildung 4.2 ermittelt.

Damit ist die eingangs formulierte Hypothese durch die gezeigten Untersuchungen bestätigt. Der hergeleitete Zusammenhang zwischen den objektiven Bewertungsgrößen des Fahrzeugs mit Bremsregelsystem und des Grundfahrzeugs ermöglicht die frühzeitige Untersuchung der Fahrzeugvarianten im Entwicklungsprozess. Damit wird unabhängig von der genauen Ausgestaltung des Bremsregelsystems ein Vergleich der Varianten ermöglicht. Dieser Umstand ist im Entwicklungsprozess gemäß Kapitel 3 notwendig, um in der frühen Phase des Entwicklungsprozesses auf dem linken Ast des V-Modells kritische Varianten zu identifizieren.

Zusammenfassend ist in Kapitel 4 ein generisches Vorgehen zur Objektivierung von Fahrzeugeigenschaften gezeigt. Das Vorgehen basiert auf der Durchführung eines Probandenversuchs mit subjektiver Beurteilung und der gleichzeitigen Aufzeichnung von Messdaten. Die subjektive Evaluierung wird mithilfe einer Hauptkomponentenanalyse auf die zentralen Elemente der Bewertung reduziert. Das Vorgehen adressiert damit insbesondere die Objektivierung von Fahrzeugeigenschaften, die bisher vorwiegend in closed-loop Fahrmanövern durch die subjektive Bewertung von Experten abgeprüft werden.

Die so ermittelten latenten Bewertungskriterien werden mit signifikanten Kennwerten aus der Fahrzeugmessung in Zusammenhang gebracht und die Korrelation nachgewiesen. Auf dieser Basis wird ein äquivalentes open-loop Manöver definiert, das den Einfluss durch den Versuchsfahrer eliminiert und die objektive, reproduzierbare Bewertung des Fahrzeugverhaltens sicherstellt. Darüber hinaus wird damit die Simulation und die Bewertung des Fahrzeugverhaltens ohne die gleichzeitige Vermischung der Einflüsse von Fahrer und dem Fahrzeug ermöglicht. Abschließend wird mithilfe einer weiteren Korrelationsanalyse nachgewiesen, dass die Betrachtung des Grundfahrzeugs ohne das Bremsregelsystem in der frühen Entwicklungsphase Prognosen über das Verhalten des geregelten Fahrzeugs ermöglicht. Mithilfe dieses Zusammenhangs sind Eckvarianten identifizierbar. Wie in Kapitel 3.1 beschrieben, werden Fahrzeugvarianten als Eckvarianten bezeichnet, die im Hinblick auf bestimmte Eigenschaften als extrem zu bewerten sind und die übrigen Varianten aus Eigenschaftssicht einschließen. Damit ist ein Vorgehen zur Objektivierung des konventionellen Bewertungsprozesses durch Experten definiert. Dieser ermöglicht die Definition von objektiven Bewertungskriterien für das Fahrzeugverhalten. Diese bieten die Möglichkeit, prüfbare Entwicklungsziele zu definieren und Simulationsergebnisse im Einklang mit den Expertenbeurteilungen zu bewerten. Die gewonnenen Erkenntnisse bilden die Basis für die in Kapitel 5 vorgestellten Untersuchungen.

5 Sensitivitätsanalysen und Robustheitsuntersuchung

Bei der Fahrzeugentwicklung nach dem V-Modell gemäß Abbildung 3.1 beschreibt der rechte Ast die Integration der einzelnen Bestandteile des Fahrzeugs. Im V-Modell oben rechts angeordnet erfolgt die Integration auf der Gesamtfahrzeugebene. Dabei wird sichergestellt, dass das Fahrzeug die eingangs definierten Eigenschaftszielwerte erfüllt. Dazu wird die Applikation des Bremsregelsystems durchgeführt, um dessen Einfluss auf das Fahrzeug gezielt einzustellen. Gleichzeitig wird das Fahrzeugverhalten durch die statischen Parameter wie die Beladung oder die Reifeneigenschaften beeinflusst. Aus diesem Grund ist für die Absicherung der Fahrzeugeigenschaften von Interesse, wie groß die Einflüsse der einzelnen Fahrzeugparameter auf die objektiven Eigenschaftsziele sind.

Die in Kapitel 4 durchgeführte Objektivierung ermöglicht aufbauend auf den dort definierten objektiven Eigenschaftskennwerten die mathematische Untersuchung des Fahrzeugverhaltens mithilfe von Simulationsrechnungen. Dieses Kapitel zeigt unter Verwendung von Sensitivitätsanalysen, wie der Einfluss von verschiedenen statischen Fahrzeugparametern auf das Fahrzeugverhalten ist. Damit ist eine Aussage über die Robustheit des Fahrzeugverhaltens zu treffen. Vergleichbare Untersuchungen werden für den Einfluss von Applikationsparametern auf das Fahrzeugverhalten durchgeführt, womit der Applikationsprozess unterstützt wird.

Dabei wird in diesem Kapitel das grundlegende Vorgehen dargestellt. Zunächst werden die zu untersuchenden Parameter eingeführt. Davon ausgehend werden die Anforderungen an die Untersuchungsmethoden definiert und diese ausgewählt. Abschließend wird der Untersuchungsprozess aufgezeigt und beispielhaft durchgeführt. Dazu wird das Fahrzeug verwendet, das in Kapitel 3.2.2 zur Validierung der Simulationsumgebung herangezogen wird.

© Der/die Autor(en), exklusiv lizenziert durch
Springer Fachmedien Wiesbaden GmbH, ein Teil von Springer Nature 2021
F. Fontana, *Methoden zur durchgängigen virtuellen Eigenschaftsentwicklung von Fahrzeugen mit Bremsregelsystem*, Wissenschaftliche Reihe Fahrzeugtechnik Universität Stuttgart, https://doi.org/10.1007/978-3-658-35238-7_5

5.1 Festlegung der Versuchsparameter

5.1.1 Fahrzeugparameter

Die in dieser Arbeit betrachteten Fahrzeugparameter werden in verschiedene Gruppen untergliedert. Diese werden nachfolgend der Reihe nach erläutert und die enthaltenen Parameter vorgestellt. Die expliziten Parameter mit ihrem jeweiligen numerischen Variationsbereich sind im Einzelnen in Tabelle A2.1 in Anhang A.2 aufgeführt.

Das fahrdynamische Verhalten des Fahrzeugs wird maßgeblich durch die Eigenschaften der Bereifung beeinflusst [57]. Aus diesem Grund werden die Parameter des Reifens in den Untersuchungsrahmen aufgenommen. Wie in Kapitel 3.2.1 beschrieben wird als Reifenmodell der MF-Tyre verwendet. Die Bedatung des Reifenmodells erfordert eine Anzahl von Parametern im niedrigen dreistelligen Bereich. Für die in dieser Arbeit durchgeführte Analyse wird eine Auswahl an Skalierungsfaktoren des Reifenmodells untersucht. Die Auswahl erfolgt auf der Basis von Expertenwissen und besteht aus den Parametern gemäß Tabelle 5.1.

Tabelle 5.1: Übersicht der zu untersuchenden Reifenparameter

Parameter	Beschreibung
k_σ	Skalierung der Relaxationslänge σ
k_{c_α}	Skalierung der Schräglaufsteifigkeit α
k_{μ_x}	Skalierung des Reibwerts in x-Richtung μ_x
k_{μ_y}	Skalierung des Reibwerts in y-Richtung μ_y

Da das transiente Fahrzeugverhalten untersucht wird, ist der Skalierungsfaktor k_σ relevant. Er beeinflusst das Zeitverhalten des Seitenkraftaufbaus, genauer gesagt die Relaxationslänge des Reifens [57], [112]. Die Schräglaufsteifigkeit des Reifens wird mithilfe des Faktors k_{c_α} variiert. Die Faktoren k_{μ_x} und k_{μ_y} beeinflussen die maximal übertragbare Kraft in Quer- und Längsrichtung, weshalb sie für Fahrmanöver im Grenzbereich ebenfalls von Bedeutung sind. Für die durchzuführenden Simulationsrechnungen erfolgt die Skalierung ausgehend von einem Basisreifen. Dieser ist mithilfe von Prüfstandsmessungen parametriert. Die Variationsbereiche ergeben sich aus der Anforderung, das gesamte angebotene Programm an Rädern und Reifen zu erfassen. Dieses umfasst Räder der Dimension 17″ bis 21″. Neben den Eigenschaften des Reifens bzw. des Kontakts von Reifen und Fahrbahn werden die Massenträgheitsmomente der Räder in ihrem Rotationsfreiheitsgrad skaliert.

Bereits am stationären Verhalten des linearen Einspurmodells wird deutlich, dass die Schwerpunktlage und die Achslasten einen Einfluss auf das Fahrverhalten aufweisen [176]. Es existieren weiterhin verschiedene Gründe für abweichende Achslasten und Schwerpunktlagen. Dies sind beispielsweise Beladung, Sonderausstattung und unterschiedliche Antriebsvarianten. Bei der Untersuchung des Modells werden die genannten Punkte mithilfe der zusätzlichen Masse an der Vorderachse und an der Hinterachse sowie der zusätzlichen Dachlast und ihrer Position abgebildet. Ausgehend von dem vorgestellten Basisfahrzeug werden die weiteren Varianten durch Skalierung erstellt. Die Modellierung erfasst dabei auch die Veränderung der Schwerpunktlage, wodurch der Arbeitspunkt der Achsen verändert wird. Damit ist gemeint, dass sich beispielsweise andere Zustände hinsichtlich Spur oder Sturz ausbilden, wodurch die Seitenkräfte beeinflusst werden. Die veränderten Massen werden außerdem gemäß dem Satz von Steiner auch in den Massenträgheitsmomenten berücksichtigt [18], [72].

Wie in Kapitel 3.2.1 beschrieben, ist die Kinematik und Elastokinematik der Radaufhängungen mithilfe von Kennlinienmodellen approximiert. Diese sind als Polynome implementiert. Die Polynome beschreiben die Änderung der Radstellung verursacht durch verschiedene Einflussgrößen wie Längskräfte oder Querkräfte. Beispiele für Radstellungsgrößen sind die Spur oder der Sturz. Für die hier beschriebene Untersuchung werden die linearen Koeffizienten der Polynome verändert, die im gesamten Arbeitsbereich einen Einfluss auf die Zusammenhänge der Größen haben. Die Achspolynome beschreiben auch die Lenkungskinematik, also beispielsweise die Änderung des Radlenkwinkels in Abhängigkeit des Lenkradwinkels. Für die Untersuchung der Lenkung wird zusätzlich ein Skalierungsfaktor für die Lenkübersetzung vorgesehen, um diese der Analyse zugänglich zu machen.

Neben den veränderlichen Radstellungsgrößen werden die konstanten Größen Radstand und Spurweite an der jeweiligen Achse betrachtet. Außerdem werden die Einflüsse des initialen Sturzes und der initialen Spur untersucht. Dies

erfolgt ebenfalls individuell für die jeweilige Achse. Die Einflussanalyse wird
weiterhin für die Elemente Feder, Stabilisator und Dämpfer ausgeführt. Die Feder
wird durch die Variation der Schwingzahl verändert. Damit wird dem Umstand
Rechnung getragen, dass die Federsteifigkeit in der Fahrwerkauslegung
nicht beliebig variiert wird, sondern unter Berücksichtigung der Aufbaumasse
auf eine definierte Aufbaueigenfrequenz hin festgelegt wird [186]. Die Steifigkeit
des Stabilisators wird für die jeweilige Achse in Form einer skalaren
Konstante verändert. Außerdem wird die Dämpfung individuell für die Vorder-
und die Hinterachse verändert.

Da die Parameterstudien in dieser Arbeit für Fahrmanöver mit Eingriffen durch
das Bremsregelsystem durchgeführt werden, sind auch die Eigenschaften der
Bremse Bestandteil der Untersuchung. Das Bremssystem besteht aus hydraulischen
und mechanischen Komponenten, wobei am Anfang der Wirkkette
das Bremspedal am Hauptbremszylinder und am Ende die Radbremse mit der
Bremsscheibe stehen. Bei unterschiedlichen Fahrzeugvarianten sind verschiedene
Radbremsen verbaut [27]. Der c_p-Faktor beschreibt den Zusammenhang
zwischen Bremsdruck und Bremsmoment und fasst damit die Eigenschaften
der Radbremse in einem Kennwert zusammen [28]. Damit beinhaltet er sowohl
unterschiedliche effektive Radien der Bremsscheiben als auch Unterschiede
und Schwankungen des Reibwerts.

Die gesamte Anzahl der Fahrzeugparameter aus den zuvor benannten Gruppen
beträgt 83. Auf Basis dieser Anzahl und der Übersicht der Analysemethoden
in Kapitel 2.4.2 werden in Kapitel 5.2 die passenden Untersuchungsmethoden
ausgewählt und die konkrete Vorgehensweise dargestellt. Die Variationsbereiche
der Fahrzeugparameter werden aus internen Quellen und Expertenbewertungen
gewonnen. Dabei ist eine systematische Analyse vorliegender Daten
von Komponenten erfolgt.

5.1.2 Funktionsparameter

Die Anzahl der Parameter des Bremsregelsystems ist im Vergleich zu der der
Fahrzeugparameter deutlich größer. Im Rahmen dieser Arbeit wird der Parametersatz
auf die Untergruppen des Gierratenreglers und der Spurwechselvorsteuerung
reduziert. Diese Auswahl resultiert in einer Parameteranzahl von

mehr als 2000. Dabei sind Kennlinien und Kennfelder durch einen einzigen Skalierungsfaktor als lediglich eine Einflussgröße berücksichtigt. Die Anzahl erhöht sich weiter, wenn jede Stützstelle als einzelner Freiheitsgrad erfasst wird. Auf eine weitere Unterteilung im Vorfeld der Untersuchung wird verzichtet und die mathematische Analyse als Basis für die weiteren Betrachtungen genutzt. In Kapitel 5.2 werden auf Basis des beschriebenen Parameterumfangs die geeigneten Untersuchungsmethoden ausgewählt und die Vorgehensweise vorgestellt. Die Funktionsparameter werden aufgrund ihrer Anzahl im Rahmen der Sensitivitätsanalyse pauschal im Bereich $\pm 10\,\%$ variiert, solange der in der Software festgelegte Bereich nicht kleiner ist.

5.2 Anforderungen an die Untersuchungsmethoden und Vorgehensweise

In dem vorausgegangenen Kapitel 5.1 ist der Umfang der zu untersuchenden Parameter dargestellt. In diesem Abschnitt werden Anforderungen an die statistischen Untersuchungsmethoden formuliert. Davon ausgehend werden die entsprechenden Methoden basierend auf der Vorstellung in Kapitel 2.4.2 ausgewählt und die Vorgehensweise für die Analysen in Form eines systematischen Ablaufs vorgestellt.

Die angestrebten Untersuchungen sind für das Fahrzeugverhalten im fahrdynamischen Grenzbereich mit Bremsregelsystem durchzuführen. Somit zeigt sowohl die mechanische Regelstrecke in Form des Fahrzeugs nichtlineares Verhalten als auch der Regler des Bremsregelsystems. Gleiches gilt für die Regler der möglichen weiteren Fahrwerkregelsysteme. Damit ist eine Anforderung an die eingesetzten Untersuchungsmethoden, dass sie in der Lage sind, nichtlineare Effekte zu identifizieren. Aufgrund der Komplexität der untersuchten Modelle sind Wechselwirkungseffekte zwischen verschiedenen Einflussparametern zu erwarten, was bei der Auswahl der Methoden zu berücksichtigen ist. Des Weiteren geht mit der Komplexität des Modells einher, dass die Simulationsdurchläufe nicht unbegrenzt schnell durchlaufen werden. Aus diesem Grund sind die Untersuchungsmethoden so zu wählen, dass die Anzahl der durchzuführenden Rechnungen möglichst klein ist, aber dennoch die erforderliche Genauigkeit der Ergebnisse erzielt wird. Bei der Anwendung der Methoden wird später beschrieben, wie dieser Zusammenhang objektiv zu bewerten ist. Die zuvor beschriebenen Anforderungen sind nachfolgend stichpunktartig zusammengefasst.

- Identifikation des Einflusses von Fahrzeug- und Funktionsparametern auf die objektiven Fahrzeugeigenschaften
- Identifikation von linearen und auch nichtlinearen Effekten und Wechselwirkungen zwischen den Parametern
- Berücksichtigung des gesamten Variationsbereichs der Parameter
- Durchführung einer möglichst geringen Anzahl an Simulationsdurchläufen

Die in Frage kommenden Untersuchungsmethoden sind in Kapitel 2.4.2 erläutert und dargestellt. Dabei ist beschrieben, dass der Einsatz des verwendeten Verfahrens von der Anzahl der zu untersuchenden Parameter abhängt. In diesem Kapitel werden Analysen für die statischen Parameter des Fahrzeugs und für die Funktionsparameter des Bremsregelsystems durchgeführt. Die generelle Vorgehensweise der Analyse ist in Abbildung 5.1 dargestellt. Die Ausgangsbasis für die Untersuchungen stellt das Fahrzeugmodell dar. Dieses entspricht dem Simulationsmodell, das in Kapitel 3.2 vorgestellt ist. Das Fahrzeugmodell wird mit Fahrzeugparametern und mit Parametern des Bremsregelsystems parametriert.

Die Einflüsse der Fahrzeugparameter und der Funktionsparameter des Bremsregelsystems werden mithilfe einer Sensitivitätsanalyse untersucht. Dabei unterscheidet sich die Anzahl an Fahrzeug- und Funktionsparametern um mehr als eine Größenordnung. Bei der durchgeführten Untersuchung der Fahrzeugparameter beträgt die Anzahl der Parameter $n = 83$. Die genaue Anzahl hängt davon ab, welche Fahrzeugparameter in den Untersuchungsrahmen aufgenommen werden. Die Anzahl der betrachteten Parameter des Bremsregelsystems beträgt im konkreten Anwendungsfall etwa 2100.

Die Anzahl von statischen Fahrzeugparametern und auch die von Funktionsparametern ist von einer solchen Größenordnung, dass die Anwendung einer einzigen Sensitivitätsanalyse von den etablierten Veröffentlichungen nicht empfohlen wird. Das bedeutet, dass zunächst ein sogenanntes Parameterscreening durchgeführt wird [166], [168]. Dabei werden die untersuchten Parameter in eine Gruppe von einflussreichen und nicht einflussreichen Parametern unterteilt.

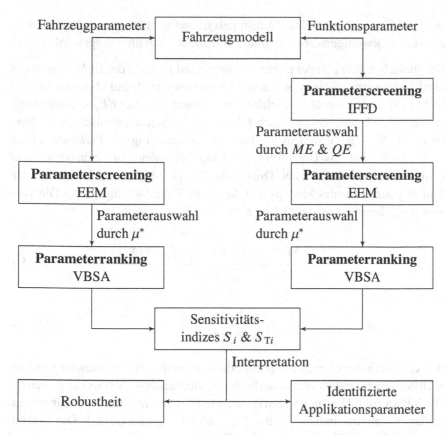

Abbildung 5.1: Vorgehen zur Sensitivitätsanalyse und Robustheitsuntersuchung für Fahrzeuge mit Bremsregelsystem

Die Gruppe der nicht einflussreichen Parameter wird für die weiterführende Analyse als unveränderlich betrachtet und nicht weiterführend variiert. Diese Vorgehensweise wird als Factor Fixing bezeichnet [168]. In Kapitel 2.4.2 wird beschrieben, dass die Elementareffektmethode (EEM) und das Iterated Fractional Factorial Design (IFFD) für das Screening von Parametern geeignet bzw. entwickelt sind. Aufgrund des Umstands, dass sich die Größenordnungen des Parameterraums der Untersuchungen der statischen Fahrzeugparameter und der Funktionsparameter des Bremsregelsystems deutlich unterscheiden, werden für das jeweilige Screening unterschiedliche Verfahren ausgewählt.

Die statischen Fahrzeugparameter werden initial mithilfe der EEM untersucht. Die EEM basiert auf den Arbeiten von CAMPOLONGO et al. und MORRIS nach [32] und [133]. Dabei werden die einzelnen Elementareffekte EE_i^j mathematisch gemäß Gl. 5.1 definiert und nach Gl. 5.2 in die Sensitivitätsindizes μ_i^* überführt. Die Sensitivitätsindizes μ_i^* erlauben ein Screening von Parametern [32], [82]. Damit wird das Unterteilen der Modellparameter in einflussreich und nicht einflussreich bezeichnet. Die Größe $X = (X_1, X_2, \ldots, X_k)$ bezeichnet die Eingangsparameter des Modells und die Größe Y die Ausgangsgröße. Die Variable Δ repräsentiert das Inkrement eines Verfahrensschritts.

$$EE_i^j = \frac{Y(X_1^j, \ldots X_i^j + \Delta, \ldots X_k^j) - Y(X^j)}{\Delta} \qquad \text{Gl. 5.1}$$

$$\mu_i^* = \frac{1}{N} \sum_{j=1}^{N} \left| EE_i^j \right| \qquad \text{Gl. 5.2}$$

Auf die durch die Elementareffektmethode identifizierten Parameter wird im nächsten Schritt die varianzbasierte Sensitivitätsanalyse (VBSA) angewendet. Die VBSA nach HOMMA und SALTELLI ist in [86] beschrieben und definiert die beiden Sensitivitätsindizes S_i und S_{Ti} nach Gl. 5.3 und Gl. 5.4. Die Bestimmung erfolgt mithilfe der statistischen Berechnung von Erwartungswerten und Varianzen. Der Einsatz dieser Methode erfordert entsprechende Varianzschätzer, wobei der Schätzer nach JANSEN gemäß der Empfehlung nach [165] Anwendung findet [99].

$$S_i = \frac{\text{Var}\,[\text{E}\,(Y|X_i)]}{\text{Var}\,(Y)} \qquad \text{Gl. 5.3}$$

$$S_{Ti} = \frac{\text{E}_{X_{\sim i}}(\text{Var}_{X_i}(Y|X_{\sim i}))}{\text{Var}(Y)} \qquad \text{Gl. 5.4}$$

Der Haupteffekt S_i bezeichnet den direkten Einfluss eines Parameters X_i auf den Ausgangswert Y. Der Totaleffekt S_{Ti} beschreibt hinzukommend die durch

Wechselwirkungen mit anderen Parametern vorhandenen Anteile. Durch die Sensitivitätsindizes wird das Ranking der untersuchten Parameter ermöglicht, also die Sortierung nach ihrer Wichtigkeit in Hinblick auf die objektiven Bewertungsgrößen [166].

Der Index des Totaleffekts S_{Ti} ist gemäß der mathematischen Definition immer größer als der Index des Haupteffekts S_i [166]. In der praktischen Anwendung treten zum Teil Abweichungen von dieser Regel auf. Diese sind zum einen den verwendeten Schätzverfahren und zum anderen dem Konvergenzverhalten zuzuschreiben. Insbesondere bei kleinen Werten der Indizes ist ihre exakte Bestimmung schwierig, sodass bei der Schätzung auch negative Werte möglich sind [71]. Die Konvergenz der aufgeführten Sensitivitätsindizes wird mit den Methoden nach Efron und Sarrazin geprüft [54], [169]. Dieses Vorgehen wird auch von Braunholz eingesetzt [24].

Die Analyse des Bremsregelsystems baut auf der anfänglichen Untersuchung gemäß dem IFFD auf. Das IFFD ist in [6] definiert und seine Anwendung wird in [5] oder [163] beschrieben. Dieses Verfahren arbeitet mit der Zuordnung von Parametern zu Gruppen und der Variation der gesamten Gruppe in gleichem Maße. Dabei werden zwei Effekte unterschieden. Diese sind der Haupteffekt ME als linearer Effekt und der quadratische Effekt QE. Damit ist das Verfahren leistungsfähiger als lineare Methoden, hat jedoch Probleme bei der Identifizierung Effekte höherer Ordnung [163]. Die dieser Methode zugrunde liegenden Berechnungen erfordern mehrere Schritte, weshalb auf die Darstellung der Gleichungen an dieser Stelle verzichtet wird.

Das anschließende Vorgehen gleicht dem zur Analyse der Fahrzeugparameter. Auf den reduzierten Parameterraum wird die EEM angewendet und mithilfe des Sensitivitätsindex μ^* eine weitere Auswahl getroffen. Die abschließende Untersuchung stellt ebenfalls die Anwendung der VBSA dar, die die Sensitivitätsindizes S_i und S_{Ti} liefert. Gemäß der in Abbildung 5.1 eingeführten Vorgehensweise werden die Berechnungen für das Beispielfahrzeug durchgeführt und die Ergebnisse nachfolgend aufgezeigt.

5.3 Untersuchung der Robustheit der Fahrzeugeigenschaften

Dieses Kapitel zeigt die Ergebnisse der Analyse der Fahrzeugparameter nach Abbildung 5.1. Zunächst erfolgt ein Screening der Parameter, um eine Vorauswahl der Parameter für die VBSA durchzuführen. Das Ergebnis der dazu angewendeten Untersuchung nach der Vorschrift der EEM ist in Abbildung A3.1 in Anhang A.3 zu finden. Dabei sind exemplarisch jeweils die ersten 20 Sensitivitätsindizes μ^* für die beiden Kennwerte KW_{Stab} und KW_{Agil} aufgeführt. Für die VBSA werden die jeweils ersten 10 Parameter pro Bewertungskennwert betrachtet. Da die Rangfolgen der Einflussgrößen für die beiden Kennwerte die zum Teil identischen Parameter enthalten, verbleiben 13 Parameter für die weiterführende Analyse. Die Ergebnisse dieser VBSA sind in Abbildung 5.2 dargestellt.

Die linke Spalte der Abbildung zeigt die Sensitivitätsindizes S_i und S_{Ti} der Fahrzeugparameter für den Stabilitätskennwert KW_{Stab}, der gemäß Gl. 4.2 über den Hinterachsschwimmwinkel β_{HA} definiert ist. Der Sensitivitätsindex des Haupteffekts S_i beschreibt dabei den direkten Einfluss eines Parameters auf den betrachteten Kennwert. Der Index des Totaleffekts S_{Ti} beinhaltet zusätzlich dazu Einflüsse, die aus Wechselwirkungen mit anderen Parametern resultieren. Die rechte Spalte zeigt die gleichen Zusammenhänge für den Agilitätskennwert KW_{Agil}, dessen Definition über die maximale Querbeschleunigung Gl. 4.3 zu entnehmen ist. Die Werte sind je Spalte auf den maximal dort auftretenden Wert normiert, sodass der größte Einfluss definitionsgemäß den Wert 1 trägt. Daraus folgt, dass die Sensitivitätsindizes nur innerhalb der Spalte vergleichbar sind. Die Sortierung der Parameter erfolgt je Spalte nach dem Wert des Totaleffekts. Nachfolgend wird exemplarisch für einige Fahrzeugparameter der grundlegende Wirkmechanismus ihrer Auswirkungen auf die Fahrdynamik erklärt.

Die Analyse zeigt, dass die Beladung des Fahrzeugs an der Hinterachse $m_{B,HA}$ den größten Einfluss auf den Kennwert der Fahrzeugstabilität KW_{Stab} aufweist, wobei der Unterschied zu dem darauffolgenden Einflussfaktor dem Siebenfachen entspricht. Damit ist diese Einflussgröße im Vergleich mit den anderen Größen dominant. Der Effekt des Parameters ist dadurch zu begründen, dass die Zuladung an der Hinterachse linear in die erforderliche Seitenkraft eingeht, die Zunahme der effektiven Schräglaufsteifigkeit der Achse jedoch auf-

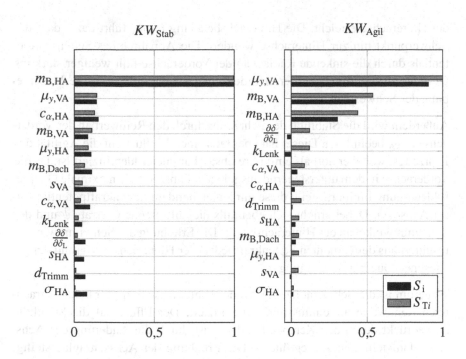

Abbildung 5.2: Sensitivitätsindizes S_i und S_{Ti} der Fahrzeugparameter hinsichtlich der objektiven Bewertungskennwerte KW_{Stab} und KW_{Agil}

grund des degressiven Reifenverhaltens nicht im gleichen Maße erfolgt. Damit nimmt das Seitenkraftpotential der Hinterachse mit steigender Zuladung ab und das Fahrzeug wird instabiler. Dabei sagt ein vergleichbarer Wert für die Sensitivitätsindizes S_i und S_{Ti} aus, dass der Einfluss durch den Parameter kaum von Wechselwirkungen geprägt ist. Dieses Ergebnis bestätigt die Auswahl der Beladung als passenden Variationsparameter für die durchgeführte Probandenstudie gemäß Kapitel 4. Gleichzeitig erhöht sich mit der Beladung der Hinterachse $m_{B,HA}$ die maximal auftretende Querbeschleunigung und damit die Agilität, die durch den Kennwert KW_{Agil} ausgedrückt wird. Dies ist auf den Umstand zurückzuführen, dass das Fahrzeug untersteuernd ausgelegt ist. Das bedeutet physikalisch, dass die Vorderachse die Kraftschlussgrenze vor der Hinterachse erreicht. Die Hinterachsbeladung $m_{B,HA}$ führt dazu, dass der Schwerpunkt hin zur Hinterachse wandert. Die Abnahme des Seitenkraftpotentials durch die sinkende Radlast an der Vorderachse fällt weniger stark ins Gewicht als die Abnahme der erforderlichen Seitenkraft durch die Verschiebung des Schwerpunkts.

Außerdem wird die Stabilität des Fahrzeugs durch den Reibwert an der Vorderachse $\mu_{y,VA}$ beeinflusst. Dieser hat ebenfalls einen Einfluss auf die Agilität des Fahrzeugs, wobei er dort als einflussreichster Parameter identifiziert ist. Da die Vorderachse in dem untersteuernd ausgelegten Fahrzeug die maximale Querbeschleunigung limitiert, steigt diese mit zunehmendem Seitenkraftpotential dieser Achse an. Dabei erhöht sich ebenfalls die auftretende Gierrate $\dot{\psi}$ und der Schwimmwinkel an der Hinterachse β_{HA}. Die Erhöhung des Schwimmwinkels resultiert aus dem erhöhten Seitenkraftbedarf der Hinterachse aufgrund der gestiegenen Querbeschleunigung a_y.

Weiterhin ist die Schräglaufsteifigkeit der Hinterachse $c_{\alpha,HA}$ für beide betrachteten Kennwerte als einflussreich identifiziert. Der Effekt auf die Stabilität, ausgedrückt durch den Kennwert KW_{Stab}, ist durch die Änderung der Achsschräglaufsteifigkeit zu begründen. Die Erhöhung der Achsschräglaufsteifigkeit durch die Anpassung der Schräglaufsteifigkeit der Bereifung senkt den Schwimmwinkelbedarf bei gleicher Querbeschleunigung an der Hinterachse. Das bedeutet, dass der Schwimmwinkelgradient an der Hinterachse im Grenzbereich SWG_{Grenz} sinkt und damit auch der absolute Schwimmwinkel. Der Effekt auf die Agilität in Form des Kennwerts KW_{Agil} ist weniger stark ausgeprägt und vorwiegend durch Wechselwirkungen mit anderen Größen geprägt.

Der Fahrzeugparameter $m_{B,VA}$ hat gemäß Abbildung 5.2 sowohl einen Einfluss auf den Stabilitätskennwert KW_{Stab} als auch auf den Agilitätskennwert KW_{Agil}. Der Totaleffekt S_{Ti} beträgt dabei hinsichtlich des Agilitätskennwerts 54 % des Sensitivitätsindex mit dem höchsten Wert. Der Parameter $m_{B,VA}$ hat auf die Agilität in Form des Kennwerts KW_{Agil} einen negativen Einfluss. Die höhere Vorderachslast erhöht den notwendigen Seitenkraftbedarf, aber die degressive Reifencharakteristik erlaubt keine Zunahme der Seitenkraft in gleichem Maße. Die untersteuernde Grundauslegung des Fahrzeugs führt dazu, dass als Folge dessen die limitierende Achse zusätzlich an Seitenkraftpotential einbüßt. Diese Veränderung der Fahrzeugdynamik hat ebenfalls eine Auswirkung auf die physikalische Größe des Schwimmwinkels an der Hinterachse β_{HA}, die sich im objektiven Kennwert KW_{Stab} widerspiegelt. Die verringerte Querbeschleunigung reduziert gleichzeitig den Schwimmwinkelbedarf.

Dem Reibwert an der Hinterachse in y-Richtung $\mu_{y,HA}$ werden nach Abbildung 5.2 normierte Sensitivitätsindizes mit Werten im Bereich von 10 % oder niedriger zugeordnet. Die physikalische Wirkkette des Parametereinflusses basiert darauf, dass das Seitenkraftpotential der Hinterachse erhöht wird. Der Reifen mit dem erhöhten Reibwert erreicht die gleiche Seitenkraft bei weniger Schräglaufwinkel, weshalb der Hinterachsschwimmwinkel β_{HA} abnimmt. Der Einfluss auf die maximale Querbeschleunigung ist aufgrund des dominanten Einflusses der Vorderachse weniger stark ausgeprägt.

Die beiden Fahrzeugparameter k_{Lenk} und $\partial\delta/\partial\delta_L$ beschreiben die Veränderung der Lenkübersetzung. Der erstgenannte Parameter skaliert die Lenkübersetzung unter Berücksichtigung aller Bestandteile des Polynoms, das die Übersetzung beschreibt. Die Änderung des anderen Parameters entspricht der Anpassung des linearen Koeffizienten des Polynoms. Da das Manöver Lenkradwinkel bis zu $\delta_L = 270°$ beinhaltet, wird der lineare Bereich der Lenkübersetzung verlassen, weshalb Unterschiede zwischen beiden Größen möglich sind. Bei der Betrachtung der Agilität wird deutlich, dass die beiden Parameter einen ähnlichen normierten Totaleffekt S_{Ti} im Bereich von 0,12 % aufweisen und in der Rangfolge zum oberen Bereich gehören. Dabei ist der Haupteffekt S_i vergleichsweise klein, was aussagt, dass dieser Parametereinfluss vorwiegend durch Wechselwirkungen mit anderen Parametern geprägt ist. Da das Manöver Sinus mit Haltezeit den Lenkradwinkel fest vorgibt, hat die Veränderung der Lenkübersetzung einen direkten Einfluss auf den Radlenkwinkel. Beim initialen Anlenken führt eine geringere und damit direktere Lenkübersetzung dazu, dass der Radlenkwinkel im gleichen Zeitschritt größer ist als mit der Vergleichsübersetzung. Damit geht beim untersuchten Fahrzeug auch ein schnellerer Anstieg der Größen Querbeschleunigung a_y, Gierrate $\dot{\psi}$ und Schwimmwinkel β_{HA} einher. Bei der weiteren Erhöhung des Lenkradwinkels erreicht das Fahrzeug den fahrdynamischen Grenzbereich, wobei der Einfluss der Lenkübersetzung dort vom Arbeitspunkt der Vorderachse abhängig ist. Befinden sich die Reifen bereits in der Sättigung der Seitenkraft, führt eine Erhöhung des Schräglaufwinkels zu keiner Zunahme oder sogar zu einer Abnahme der Seitenkraft.

Die Abbildung 5.3 zeigt die Verteilung der objektiven Bewertungskennwerte KW_{Stab} und KW_{Agil} in normierter Form basierend auf den Simulationsergebnissen der Sensitivitätsanalyse. Die Abszisse zeigt den Wert des jeweiligen Kennwerts und die Ordinate die Anzahl, wie oft der Kennwert diesen Wert annimmt. Das Histogramm der Stabilitätskennwerte zeigt eine rechtsschiefe Verteilung [41], [205]. Das bedeutet in diesem Anwendungsfall, dass die Mehrzahl der Stabilitätskennwerte im linken Bereich der Verteilung liegen, sich die Werte aber oberhalb des Medians zu höheren Werten hin erstrecken als unterhalb des Medians. Der Median der normierten Stabilitätskennwerte liegt bei $KW_{Stab} / \max_i KW_{Stab} = 0{,}237$, die Hälfte der Werte befindet sich im Intervall zwischen 0,192 und 0,291. Somit beträgt der maximal auftretende Wert mehr als das Vierfache des Medians. Dies zeigt, dass durch die gleichzeitige Variation mehrerer Fahrzeugparameter ohne die Einschränkung bestimmter Kombinationsmöglichkeiten Varianten mit sehr ungünstigen Schwimmwinkelverläufen entstehen. Solche Varianten sind mithilfe von Simulationsrechnungen zu erkennen.

Die Verteilung der normierten Agilitätskennwerte im rechten Teil der Abbildung 5.3 zeigt im Vergleich eine der Symmetrie nähere Gestalt. Ihr Median liegt bei $KW_{Agil} / \max_i KW_{Agil} = 0{,}907$ und die Hälfte der ermittelten Werte liegt zwischen 0,875 und 0,932. Außerdem befindet sich der maximal auftretende Wert annähernd 7 % über dem Median, der niedrigste Wert etwa 17 % unter diesem. Damit ist die relative Kennwertstreuung kleiner als bei der Verteilung der objektiven Stabilitätskennwerte KW_{Stab}.

In dem gezeigten Anwendungsfall sind die Variationsbereiche durch die Sensitivitätsanalyse motiviert und damit zum Teil größer als für die Analyse der angebotenen Fahrzeugvarianz notwendig. Da die Variationsbereiche wie eingangs beschrieben durch die Analyse von Komponentendaten motiviert sind, befinden sich die betrachteten Variationen dennoch in realistischen Bereichen. Die Berechnung und Analyse solcher Histogramme und die Charakterisierung der Verteilung ist auch im Rahmen von anderen Anwendungen möglich und sinnvoll. Die Vorgabe der Fahrzeugparameter nach bestimmten statistischen Verteilungen liefert in diesem Fall die zu erwartende Streuung und ermöglicht einen Abgleich mit den Fahrzeugeigenschaftszielen.

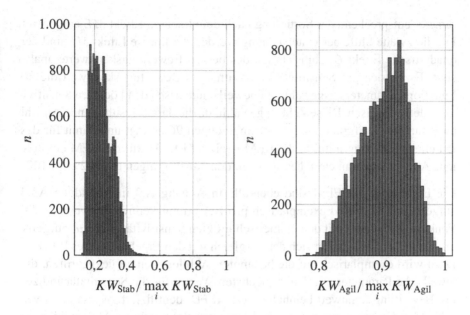

Abbildung 5.3: Verteilung der objektiven Bewertungskennwerte KW_{Stab} und KW_{Agil} für die Variation der Fahrzeugparameter

5.4 Identifikation von einflussreichen Funktionsparametern

Dieser Abschnitt zeigt die Sensitivitätsanalyse der Funktionsparameter. Dabei wird das mehrstufige Verfahren gemäß Abbildung 5.1 eingesetzt und die Sensitivitätsindizes der Funktionsparameter hinsichtlich ihres Einflusses auf die beiden objektiven Fahrzeugkennwerte KW_{Stab} und KW_{Agil} bestimmt. Die betrachteten Parameter sind in Kapitel 5.1.2 beschrieben und die verwendeten Untersuchungsmethoden sind in Kapitel 2.4.2 vergleichend dargestellt.

Das zunächst durchgeführte Parameterscreening hat das Ziel, die Parameter zu identifizieren, die einen vergleichsweise niedrigen Einfluss auf die betrachteten Bewertungskennwerte aufweisen. Diese werden in den weiteren Untersuchungen als unveränderlich gesetzt und nicht weiter untersucht, was als Factor Fixing bezeichnet wird [166]. Das erste angewendete Verfahren ist wie in Abbildung 5.1 verbildlicht das IFFD. Die Ergebnisse sind exemplarisch in Anhang A.3 in Abbildung A3.2 gezeigt. Dabei sind jeweils die ersten 20 Parameter entsprechend der Sortierung nach dem linearen Effekt ME aufgelistet. Für die zweite Stufe der Untersuchung werden der lineare Effekt ME und der quadratische Effekt QE hinsichtlich der beiden Bewertungskennwerte analysiert. Es werden pro Sensitivitätsindex und pro Bewertungskennwert die 30 Funktionsparameter ausgewählt, die jeweils numerisch den höchsten Sensitivitätsindex aufweisen. Diese Zahl ist gewählt, da die daraus resultierende Anzahl an Parametern aufgrund von Überschneidungen 96 beträgt und damit für das Parameterscreening mithilfe der EEM geeignet ist. Die für die EEM empfohlene Anzahl an Parametern beträgt nach den Ausführungen in 2.4.2 etwa 100.

Die Ergebnisse der EEM sind ebenfalls in Anhang A.3 in Abbildung A3.3 aufgezeigt. Dabei sind exemplarisch pro Bewertungskennwert jeweils die 20 Funktionsparameter mit dem numerisch größten Sensitivitätsindex μ^* aufgelistet. An dieser Stelle bietet sich der Vergleich mit den Ergebnissen des IFFD an. Dazu wird exemplarisch auf die benannten Abbildungen zurückgegriffen, die jeweils die Parameter mit den 20 höchsten Werten für die Sensitivitätsindizes pro Bewertungskennwert beinhalten. Das IFFD identifiziert insgesamt 34 verschiedene Funktionsparameter, die Elementareffektmethode 25 verschiedene Funktionsparameter. Von den genannten Mengen sind 17 Parameter identisch. Das ist insofern bemerkenswert, da das IFFD die mehr als 20-fache Anzahl an Parametern betrachtet und dazu weniger als die Hälfte an Berechnungen durchführt als die Elementareffektmethode. Das bedeutet in diesem konkreten Anwendungsfall, dass im Vorgehen nach Abbildung 5.1 die Anwendung der Elementareffektmethode zwar mathematisch so empfohlen, in der Praxis jedoch verzichtbar ist.

Der eigentliche Fokus der Ergebnisdarstellung wird auf die Resultate der varianzbasierten Sensitivitätsanalyse gelegt. Die Auswahl der dazu betrachteten Parameter erfolgt analog zum Vorgehen für die statischen Fahrzeugparameter. Es werden die 10 Parameter mit dem größten Wert für den Sensitivitätsindex μ^* je Bewertungskennwert ausgewählt. Aufgrund der vorhandenen Schnittmengen zwischen den Parametern beider Bewertungskennwerte verbleiben damit 11 Parameter für die weitere Untersuchung. Die Abbildung 5.4 zeigt die Sensitivitätsindizes S_i und S_{Ti} für die identifizierten Funktionsparameter. Die Sortierung erfolgt dabei je Spalte nach dem Wert des Totaleffekts S_{Ti}. Die Parameter sind auf den spaltenweise auftretenden höchsten Wert normiert. Die linke Spalte zeigt den Einfluss des jeweiligen Funktionsparameters auf den

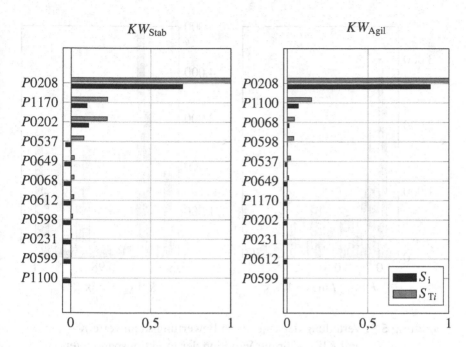

Abbildung 5.4: Sensitivitätsindizes S_i und S_{Ti} der Funktionsparameter hinsichtlich der objektiven Bewertungskennwerte KW_{Stab} und KW_{Agil}

Stabilitätskennwert KW_{Stab} und die rechte Spalte den Einfluss auf den Agilitätskennwert KW_{Agil}.

Der Parameter $P0208$ weist gemäß der durchgeführten Untersuchung den größten Einfluss sowohl auf den Kennwert der Stabilität KW_{Stab} als auch auf den Kennwert der Agilität KW_{Agil} auf. Dabei ist der Einfluss gemäß dem Sensitivitätsindex S_{Ti} etwa um den Faktor 4 bzw. 6 größer als der des Parameters mit dem nächst größten Sensitivitätsindex S_{Ti}. Die drei ebenfalls als einflussreich identifizierten Parameter $P0208$, $P0202$ und $P0068$ beeinflussen die Agilisierungsfunktion des Bremsregelsystems.

Die weiterhin gefundenen Parameter $P1170$, $P0537$ und $P0649$ bestimmen die Stabilisierungseingriffe des Bremsregelsystems. Dabei werden insbesonde-

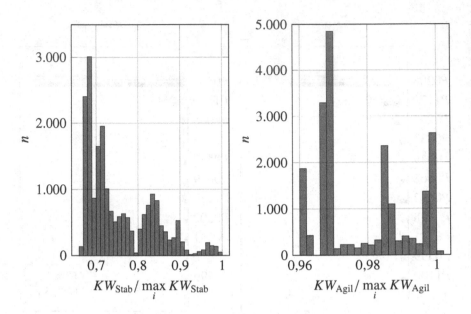

Abbildung 5.5: Verteilung der objektiven Bewertungskennwerte KW_{Stab} und KW_{Agil} für die Variation der Funktionsparameter

re der Zeitpunkt und die Stärke des Eingriffs beeinflusst. Die Parameter $P0612$, $P0598$ und $P0598$ verändern das Eingriffsverhalten bei einem erkannten Spurwechsel. Die Parameter $P0231$ und $P1100$ haben einen Einfluss auf das vom Fahrer durch seine Lenkradwinkeleingabe vorgegebene Sollfahrzeugverhalten.

Die Abbildung 5.5 stellt die Verteilung der objektiven Bewertungskennwerte KW_{Stab} und KW_{Agil} bei der durchgeführten Sensitivitätsanalyse dar. Die durch die Variation der Fahrzeugparameter erhaltenen Verteilungsdiagramme in Abbildung 5.3 zeigen trotz ihrer Schiefe eine Gestalt, bei der der Median im Bereich des globalen Maximums liegt. Dies ist bei den Verteilungen, die durch die Variation der Funktionsparameter erhalten werden, nicht der Fall.

Die Verteilung des Kennwerts KW_{Stab} ist rechtsschief, das heißt die Mehrzahl der Kennwerte liegen auf der linken Seite der Verteilung. Dennoch ist zu höheren Kennwerten hin kein kontinuierliches Abfallen der Häufigkeiten zu erkennen, sondern lokale Maxima und Minima. Der Streubereich erstreckt sich zwischen $KW_{\text{Stab}}/\max KW_{\text{Stab}} = 0{,}66$ und $KW_{\text{Stab}}/\max KW_{\text{Stab}} = 1$. Die Verteilung des Agilitätskennwerts KW_{Agil} erstreckt sich über den Bereich von $KW_{\text{Agil}}/\max KW_{\text{Agil}} = 0{,}96$ bis $KW_{\text{Agil}}/\max KW_{\text{Agil}} = 1$. Das bedeutet, die objektiv bewertete Agilität des Fahrzeugs ist durch die Anpassung der Parametrierung des Bremsregelsystems weniger stark beeinflussbar als die durch KW_{Stab} bewertete Stabilität. Daraus folgt auch, dass das Bremsregelsystem die Stabilität des Fahrzeugs stärker beeinflusst als die Agilität. Dieser Umstand ist grundsätzlich von der konkreten Parametrierung des Bremsregelsystems abhängig. Dennoch ist rein physikalisch gesehen eine höhere Effektivität für die Stabilisierung des Fahrzeugs zu erklären, da die Verhinderung des instabilen Zustands als stärker zu quantifizieren ist als die Veränderung eines stabilen Zustands.

Die Unterschiede zwischen den Verteilungen bezüglich der Variation der Fahrzeugparameter und den Verteilungen hinsichtlich der Modifikation der Funktionsparameter sind damit zu begründen, dass die Variation der Fahrzeugparameter zumeist eine kontinuierliche Änderung des Verhaltens verursacht. In dem betrachteten Regler sind hingegen verschiedene nichtlineare Elemente implementiert. Beispiele sind Schwellen, die zu einer sprunghaften Änderung des Fahrzeugverhaltens führen, oder Teilfunktionen und Pfade, die nur unter bestimmten Voraussetzungen erreicht werden. Dies führt dazu, dass die Beeinflussung des Fahrzeugverhaltens weniger kontinuierlich ist als es bei der Veränderung der Fahrzeugparameter der Fall ist.

Zusammenfassend beschreibt das Kapitel basierend auf den in Kapitel 4 definierten Eigenschaftskennwerten, wie mithilfe von mathematischen Untersuchungsmethoden die strukturierte Eigenschaftsentwicklung der Fahrzeuge sichergestellt und unterstützt wird. Dazu werden Sensitivitätsanalysen angewendet, um den Einfluss von Applikationsparametern des Bremsregelsystems und von Fahrzeugparametern auf die Fahrzeugeigenschaften zu untersuchen. Damit wird die Basis für die zielgerichtete Eigenschaftsentwicklung geschaffen. Gleichzeitig sind Aussagen über die Robustheit des Fahrzeugverhaltens unter der Variation von statischen Fahrzeugparametern möglich.

6 Exemplarische Methodenanwendung auf ein Fahrzeugprojekt

In diesem Kapitel werden die zuvor eingeführten Methoden auf ein Fahrzeugprojekt angewendet. Das Ziel ist die Identifikation von Eckvarianten und die Applikation des Bremsregelsystems, um das Fahrzeugverhalten in Hinblick auf die objektiven Bewertungskennwerte zu optimieren. Das schematische Vorgehen zeigt Abbildung 6.1. Für die hier dargestellte Anwendung wird ein Portfolio an Fahrzeugvarianten betrachtet, das nur aus freigabefähigen Fahrzeugen besteht. Grundsätzlich sind über die Methode auch instabile Fahrzeuge identifizierbar und aus dem Produktportfolio zu entfernen.

Die Identifikation der Eckvarianten und die objektive Bewertung dieser Varianten erfolgt mithilfe der Erkenntnisse aus Kapitel 4. Für die Applikation werden die Ergebnisse aus Kapitel 5 verwendet, wobei auf die darin durchgeführten Analysen zurückgegriffen wird. Dies sind im Detail die Zusammenhänge zwischen Applikationsparametern des Bremsregelsystems und dem Fahrzeugverhalten. Die Einflüsse der statischen Fahrzeugparameter sind im vorausgegangenen Kapitel 5 im Detail untersucht und werden nachfolgend nicht erneut für jeden betrachteten Parameter einzeln in den Vordergrund gestellt. Die Basis für die Applikation bildet im betrachteten Anwendungsbeispiel für alle Fahrzeugvarianten die gleiche Parametrierung des Bremsregelsystems. Nach der durchgeführten Applikation werden der Ausgangszustand und der Endzustand der Fahrzeugvarianten vergleichend bewertet.

6.1 Übersicht der Fahrzeugvarianten

Die Abbildung 6.2 zeigt schematisch wie sich die in diesem Kapitel betrachteten Fahrzeugvarianten zusammensetzen. Dargestellt sind die Antriebsvarianten, unterschiedliche Kombinationen von Fahrwerkregelsystemen, die variierenden Bereifungen und die sich unterscheidenden Radstände. Bei dem Auf-

© Der/die Autor(en), exklusiv lizenziert durch
Springer Fachmedien Wiesbaden GmbH, ein Teil von Springer Nature 2021
F. Fontana, *Methoden zur durchgängigen virtuellen Eigenschaftsentwicklung von Fahrzeugen mit Bremsregelsystem*, Wissenschaftliche Reihe Fahrzeugtechnik Universität Stuttgart, https://doi.org/10.1007/978-3-658-35238-7_6

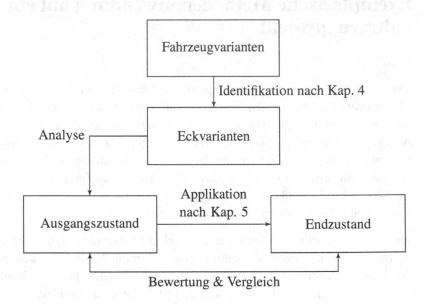

Abbildung 6.1: Vorgehen bei der Anwendung der vorgestellten Methoden auf ein Fahrzeugprojekt

bau der möglichen Varianten wird berücksichtigt, welche Kombinationsmöglichkeiten tatsächlich angeboten werden.

Die Antriebsvarianten setzen sich aus Verbrennungsmotoren mit unterschiedlichen Zündverfahren, Zylinderzahlen und Leistungsklassen (LK) zusammen, wobei zusätzlich auch Plug-in-Hybrid-Fahrzeuge (PHEV) vorhanden sind. Die verschiedenen Antriebsvarianten beeinflussen das Fahrverhalten auch in einem Manöver ohne explizite Beschleunigungsphasen, da der verbaute Antriebsstrang unter anderem einen Einfluss auf die mechanischen Größen Masse, Trägheit und Schwerpunktlage hat. Damit direkt verknüpft sind beispielsweise die Änderungen der Bedarfe der Seitenkraft an den Achsen oder auch der Achslastverteilung.

Das betrachtete Fahrzeug verfügt weiterhin über eine Auswahl an verschiedenen Fahrwerkregelsystemen. Das Bremsregelsystem (ESC) ist bei allen Fahrzeugen obligatorisch vorhanden. Weitere Varianten definierende Systeme sind die Dynamik-Allrad-Lenkung (DAL) und das Aktivfahrwerk (AF), die sowohl

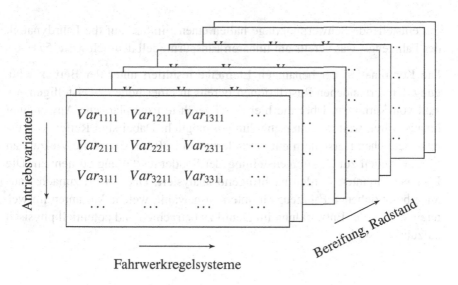

$$
\begin{array}{ccccc}
Var_{1111} & Var_{1211} & Var_{1311} & \cdots \\
Var_{2111} & Var_{2211} & Var_{2311} & \cdots \\
Var_{3111} & Var_{3211} & Var_{3311} & \cdots \\
\cdots & \cdots & \cdots & \cdots
\end{array}
$$

Antriebsvarianten

Fahrwerkregelsysteme

Bereifung, Radstand

Abbildung 6.2: Übersicht der betrachteten Fahrzeugvarianten definiert durch unterschiedliche Antriebsvarianten, Fahrwerkregelsysteme, Bereifung und Radstände

in Kombination als auch einzeln erhältlich sind. Dabei wird berücksichtigt, dass nicht jede Antriebsvariante mit jeder Kombination von Fahrwerkregelsystemen angeboten wird. Die elektromechanische Lenkung wird nicht als Freiheitsgrad bezüglich der Fahrzeugvarianz betrachtet. Außerdem werden die geregelten Dämpfer in den Betrachtungen mit einem konstanten Strom beaufschlagt und nicht durch die Dämpferregelung angesteuert. Dies ist damit begründet, dass so die Konsistenz zu dem in Kapitel 3.2.2 validierten Fahrzeug erhalten bleibt.

Die betrachteten Rad-Reifen-Kombinationen erstrecken sich von der Dimension 17″ bis zur Dimension 21″ einschließlich der dazwischenliegenden Größen. Diese werden im Simulationsmodell basierend auf Reifenmessungen parametriert. Die vierte Veränderliche bei der Betrachtung der Fahrzeugvarianten ist der Radstand der Fahrzeuge. Dieser wird in die beiden Varianten normaler Radstand und langer Radstand unterschieden. Die Variante mit langem Radstand verfügt über einen um etwa 4 % höheren Wert. Der Radstand und die sich damit einstellende Schwerpunktlage haben einen Einfluss auf die Fahrdynamik des Fahrzeugs, was bereits am linearen Einspurmodell deutlich wird [57].

Die Kombination der benannten Elemente resultiert unter der Berücksichtigung der vorhandenen Restriktionen bereits in einer hohen zweistelligen Anzahl von Varianten. Über die hier durchgeführte exemplarische Anwendung hinaus wären weitere Unterscheidungen möglich. Dabei sind Reifen von unterschiedlichen Herstellern mit veränderbarem Luftdruck oder die Vielzahl an Möglichkeiten zur Zusammenstellung der Sonderausstattung zu nennen. Die Fahrzeugvarianten werden nachfolgend analysiert. Dabei wird zunächst aus allen beschriebenen Fahrzeugvarianten ausgewählt, welche Varianten im weiteren Verlauf der Entwicklung im Detail zu betrachten und potentiell physisch aufzubauen sind.

6.2 Untersuchung der Fahrzeugvarianten und Auswahl der Eckvarianten

In diesem Abschnitt werden aus den zuvor vorgestellten Fahrzeugvarianten die kritischen Fahrzeugvarianten identifiziert, die nachfolgend auch als Eckvarianten bezeichnet werden. In Kapitel 4.4 ist aufgezeigt, dass basierend auf den Fahrzeugen ohne Bremsregelsystem eine Prognose über das Verhalten des geregelten Fahrzeugs möglich ist. Diese Prognose wird durch die Analyse der Ergebnisse des Manövers Lenkradwinkelrampe durchgeführt. Die Basis dieser Bewertung stellt der Schwimmwinkelgradient an der Hinterachse im Grenzbereich SWG_{Grenz} als Maß für die Stabilität des Fahrzeugs und die maximale Querbeschleunigung $a_{y,\mathrm{max}}$ als Maß für die Agilität dar. Die Definitionen dieser Kennwerte sind in Kapitel 4.4 in Form von Gl. 4.4 und Gl. 4.5 zu finden.

Die Abbildung 6.3 zeigt die in der Simulationsrechnung ermittelten Kennwerte SWG_{Grenz} und $a_{y,\mathrm{max}}$ normiert auf den jeweils maximal auftretenden Wert. Die Verwendung verschiedener Symbole charakterisiert unterschiedliche Konfigurationen von Fahrwerkregelsystemen. Das Symbol $\times$ steht für Fahrzeuge, die kein aktives Fahrwerkregelsystem verbaut haben. Das Symbol $*$ repräsentiert Fahrzeuge, die nur über eine Dynamik-Allrad-Lenkung verfügen. Die Fahrzeuge, die mit dem Symbol $+$ eingezeichnet sind, verfügen nur über

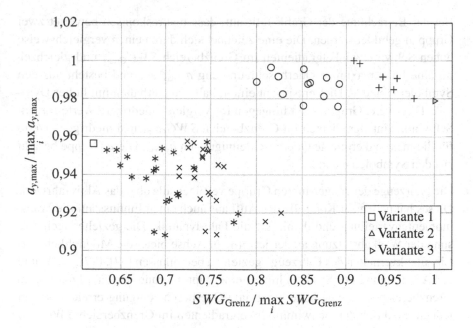

Abbildung 6.3: Vergleich der Eigenschaftskennwerte der untersuchten Grundfahrzeugvarianten ohne Bremsregelsystem

das Aktivfahrwerk. Zuletzt steht das Symbol o für Fahrzeuge, die sowohl die Dynamik-Allrad-Lenkung als auch das Aktivfahrwerk verbaut haben.

Zusätzlich sind die drei ausgewählten Eckvarianten entsprechend der eingebetteten Legende erkennbar. Für die Anwendung im Entwicklungsprozess ist die Betrachtung der beiden Randvarianten zu empfehlen. Damit wird sichergestellt, dass bei ausreichender technischer Absicherung nicht unbegründet viele physische Fahrzeuge aufzubauen sind. Für die weitere, detaillierte Betrachtung werden in dieser Arbeit jedoch drei Fahrzeugvarianten ausgewählt. Damit wird zum einen die aufgezeigte Methode abgesichert und zum anderen ist auch für den Zweck der Applikation je nach beabsichtigter Differenzierung der Fahrzeugvarianten eine dritte Variante sinnvoll. Durch dieses Vorgehen werden die beiden Extreme abgedeckt und gleichzeitig ein zwischen diesen liegendes Fahrzeug analysiert.

Bei der Betrachtung der Grafik fällt auf, dass makroskopisch bewertet zwei Gruppen gebildet werden. Die eine zeichnet sich durch einen vergleichsweise hohen Schwimmwinkelgradienten im Grenzbereich SWG_{Grenz} und gleichzeitig eine hohe maximale Querbeschleunigung $a_{y,max}$ aus und besteht aus den Symbolen o und +. Dies entspricht einem Fahrzeugverhalten mit hoher Dynamik. Die zweite Gruppe zeigt hingegen im Vergleich niedrigere Werte für den Schwimmwinkelgradienten im Grenzbereich SWG_{Grenz} und niedrigere Werte für die maximal erreichte Querbeschleunigungen $a_{y,max}$. Diese Gruppe besteht aus den Symbolen * und ×.

Die Fahrzeuge der erstgenannten Gruppe verfügen alle über das Aktivfahrwerk. Dieses hat neben der Kontrolle des Aufbaus auch einen Einfluss auf die Wankmomentenverteilung und damit auf die Fahrdynamik. Die gezielte Beeinflussung der Wankabstützung an der jeweiligen Achse bietet die Möglichkeit, das Eigenlenkverhalten des Fahrzeugs gezielt zu beeinflussen [57], [97]. Aufgrund der Abstimmung des Systems hin zu einer Optimierung der Fahrdynamik im Grenzbereich wird eine hohe maximale Querbeschleunigung erreicht, wobei jedoch die durch den Schwimmwinkelgradienten im Grenzbereich SWG_{Grenz} ausgedrückte Stabilität geringer wird.

Die Dynamik-Allrad-Lenkung bewirkt im Vergleich zum Aktivfahrwerk eine Stabilisierung des Fahrverhaltens. Im linearen Bereich der Fahrzeugdynamik gilt für die untersuchten Fahrzeugvarianten, dass die Fahrzeuge mit der Dynamik-Allrad-Lenkung einen geringeren Schwimmwinkelgradienten im Linearbereich SWG_{Lin} aufweisen als alle anderen Fahrzeuge. Dies ist damit zu begründen, dass die Regelung des aktiven Lenksystems den Schwimmwinkel beeinflusst [57] [128], [140]. Details zu den vernetzten Fahrwerkregelsystemen des betrachteten Fahrzeugs sind [98] und [129] zu entnehmen. Ein Überblick für Regelungskonzepte von Allradlenksystemen ist beispielsweise in [198] beschrieben.

Für den Schwimmwinkelgradienten im Grenzbereich SWG_{Grenz} gilt, dass auch dieser durch die Dynamik-Allrad-Lenkung reduziert wird. Dies wird in Abbildung 6.3 durch die Varianten mit dem Symbol * deutlich. Dies sind die Fahrzeuge, die lediglich über die Dynamik-Allrad-Lenkung verfügen. Bis auf vier dieser Fahrzeuge sind sie hinsichtlich des Stabilitätskennwerts SWG_{Grenz} durchweg stabiler als die Fahrzeuge, die kein aktives System verbaut haben.

Auch bei der Betrachtung der Fahrzeuge mit dem Aktivfahrwerk wird deutlich, dass die Fahrzeuge mit Dynamik-Allrad-Lenkung (○) allesamt über eine höhere Stabilität verfügen als die Fahrzeuge, die zusätzlich in Kombination über das Aktivfahrwerk verfügen (+). Der Schwimmwinkelgradient im Grenzbereich an der Hinterachse SWG_{Grenz} stellt ein eindeutiges Unterscheidungsmerkmal zwischen den Fahrzeugvarianten dar.

Die drei auf Basis des Schwimmwinkelgradienten im Grenzbereich SWG_{Grenz} ausgewählten Varianten sind in 6.3 durch die Symbole □, △ und ▷ hervorgehoben. Die Auswahl ist auch über die Unterscheidung nach dem Agilitätskriterium oder eine Gewichtung aus beiden Kennwerten möglich. In der vorliegenden Arbeit wird der Fokus jedoch auf die Stabilität gelegt. Der Schwimmwinkelgradient im Grenzbereich SWG_{Grenz} ist für das Fahrzeug mit dem kleinsten Wert um etwa 38 % kleiner als beim Fahrzeug mit dem größten auftretenden Wert. Die maximale Querbeschleunigung $a_{y,max}$ ist für die Variante mit dem kleinsten Wert um annähernd 10 % kleiner als die in dieser Hinsicht leistungsfähigste Variante.

Tabelle 6.1 listet die identifizierten Fahrzeugvarianten mit ihren jeweiligen Bestandteilen auf. Variante 1 ist mit dem Sechszylinder-Ottomotor, der Dynamik-Allrad-Lenkung, 20″-Räder und dem langen Radstand ausgestattet. Diese Variante weist in den Simulationsrechnungen den geringsten Schwimmwinkelgradienten an der Hinterachse im Grenzbereich SWG_{Grenz} auf. Die Variante 2 und damit mittlere Variante ist ebenfalls mit dem Sechszylinder-Ottomotor bestückt. Zusätzlich verfügt sie neben dem Bremsregelsystem über kein weiteres Fahrwerkregelsystem, 17″-Räder und den normalen Radstand. Die Variante 3 zeigt in der Simulation den höchsten Schwimmwinkelgradienten an der Hinterachse im Grenzbereich SWG_{Grenz}. Sie ist aus dem Achtzylinder-Dieselmotor und dem Fahrwerkregelsystem Aktivfahrwerk aufgebaut. Außerdem verfügt die Variante 3 über den langen Radstand sowie 19″-Räder. Die drei identifizierten Varianten werden nachfolgend der detaillierten Analyse unterzogen.

Tabelle 6.1: Die drei aus der gesamten Fahrzeugvarianz identifizierten Eckvarianten

	Antriebsvariante	Fahrwerkregelsysteme	Bereifung	Radstand	$\frac{SWG_{Grenz}}{SWG_{Grenz,Ref}}$
Variante 1	6-Zylinder-Ottomotor	ESC & DAL	20″	Lang	100 %
Variante 2	6-Zylinder-Ottomotor	ESC	17″	Normal	120 %
Variante 3	8-Zylinder-Dieselmotor	ESC & AF	19″	Lang	161 %

6.3 Analyse der Ausgangssituation mit Bremsregelsystem

Die Abbildung 6.4 zeigt die Simulationsergebnisse für die drei ausgewählten Varianten gemäß Tabelle 6.1 für das Manöver Sinus mit Haltezeit. Im Gegensatz zur vorausgegangenen Identifikation der Eckvarianten werden nun die Fahrzeuge mit aktiviertem Bremsregelsystem untersucht. Dabei sind in den vier Elementen der Grafik die Querbeschleunigung a_y, die Gierrate $\dot{\psi}$, der Schwimmwinkel an der Hinterachse β_{HA} und der Wankwinkel φ in normierter Form in Abhängigkeit der Zeit t dargestellt. Die Normierung erfolgt dabei auf den jeweiligen Maximalwert aller Varianten. Die vier genannten Fahrdynamikgrößen werden der Reihe nach analysiert.

Bei der Betrachtung der Querbeschleunigung a_y über der Zeit t wird deutlich, dass die Positionen der Maxima und die dazwischenliegenden Abschnitte vergleichbar verlaufen. Die Höhe der Maximalwerte unterscheidet sich um maximal 4 % zwischen den Varianten. Dabei zeigt Variante 3 die höchste erreichte Querbeschleunigung, was sich mit der aus der Lenkradwinkelrampe gewonnen Prognose gemäß Abbildung 6.3 deckt. Dieser Umstand ist auf das Vorhandensein des Aktivfahrwerks zurückzuführen.

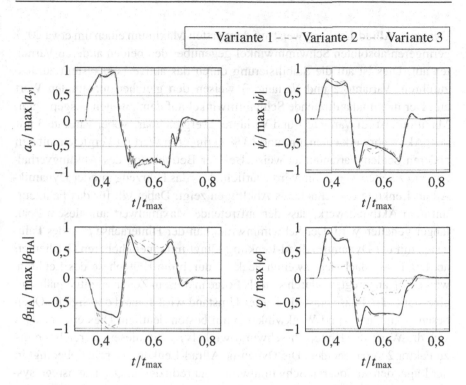

Abbildung 6.4: Vergleich der identifizierten Eckvarianten im Manöver Sinus mit Haltezeit

Die Betrachtung der Verläufe der Gierrate $\dot{\psi}$ zeigt, dass die Variante 2 die höchsten Werte auf den Maxima aufweist und im Vergleich mit den anderen Varianten ein ausgeprägteres Überschwingen zu erkennen ist. Der maximale Unterschied auf dem ersten Maximum liegt bei etwa 10 %. Die erhöhte Gierdämpfung bei Variante 1 ist durch die vorhandene Hinterachslenkung zu erklären [57]. Dennoch sind aufgrund der vielschichtigen Unterschiede zwischen den Fahrzeugen in Form der verbauten Fahrwerkregelsysteme, des Radstands, der Bereifung oder der Gewichtsverteilung verschiedene Mechanismen für die erkennbaren Unterschiede verantwortlich.

Eindeutiger identifizierbar sind die wirksamen Mechanismen bei der Betrachtung des Schwimmwinkels an der Hinterachse β_{HA}. Die Variante 1 mit der

Dynamik-Allrad-Lenkung weist auf dem ersten Maximum einen um etwa 20 % geringeren absoluten Schwimmwinkel gegenüber den beiden anderen Varianten auf. Dies ist auf die Stabilisierung durch das aktive Lenksystem zurückzuführen. Variante 2 und Variante 3 weisen den gleichen maximalen Wert auf. Der maximal auftretende Schwimmwinkel auf dem zweiten ausgeprägten Maximum ist für Variante 1 und Variante 2 vergleichbar, wobei Variante 3 mit dem Aktivfahrwerk einen um rund 13 % geringeren Wert im Vergleich mit den anderen beiden Varianten aufweist. Bei der Betrachtung des Abklingverhaltens am zweiten Maximum wird deutlich, dass das Fahrzeug mit der Dynamik-Allrad-Lenkung ein schnelleres Abklingen zeigt. Dabei gilt für das Fahrzeug mit dem Aktivfahrwerk, dass der auftretende Maximalwert auf diesem Peak länger gehalten wird. Der Schwimmwinkel an der Hinterachse β_{HA} des Fahrzeugs mit der Dynamik-Allrad-Lenkung klingt mit einem höheren Gradienten ab. Die Phase nach dem zweiten Peak ist durch die Haltephase des Lenkradwinkels δ_L angeregt, wodurch sich als Folge in diesem Zeitabschnitt annähernd eine stationäre Phase einstellt. Dieser Umstand wird anhand der Signale Querbeschleunigung a_y und Wankwinkel φ am besten deutlich. Dies erklärt, dass sich die Werte des Hinterachsschwimmwinkels β_{HA} in diesem Bereich um bis zu Faktor 2 unterscheiden. Die Dynamik-Allrad-Lenkung ist prinzipbedingt in der Lage, den stationären Schwimmwinkel zu reduzieren. Das Bremsregelsystem hingegen beeinflusst diesen nur im transienten Bereich, es sei denn das Fahrzeug wird dauerhaft abgebremst und damit die Querbeschleunigung reduziert, was für die Aufrechterhaltung der Fahrdynamik jedoch kein relevanter Anwendungsfall ist. Nach Beendigung der Lenkradwinkeleingabe erfolgt der endgültige Abbau des Schwimmwinkels β_{HA} für alle drei Varianten mit dem gleichen Gradienten.

Abschließend werden die Verläufe des Wankwinkels φ analysiert. Der Wankwinkel des Fahrzeugs stellt sich aus physikalischer Sichtweise aufgrund der durch die Querbeschleunigung a_y verursachten Fliehkraft ein, die durch die Wanksteifigkeit abgestützt wird [57]. Die Abbildung 6.4 zeigt, dass die Variante 1 und die Variante 2 vergleichbare Verläufe des Wankwinkels aufweisen, die Variante 3 hingegen in beiden ausgeprägten Maxima einen um etwa 50 % geringeren Wankwinkel zeigt. Dies ist dadurch zu begründen, dass das Aktivfahrwerk dem Wanken durch das Aufbringen entsprechender Kräfte entgegenwirkt. Dieser verringerte Wankwinkel φ hat außerdem den Effekt, dass die

Achsen während des Manövers gegenüber dem passiv wankenden Fahrzeug in anderen Arbeitspunkten betrieben werden. Dies beeinflusst wiederum das Eigenlenkverhalten des Fahrzeugs und damit auch Größen wie die Gierrate $\dot{\psi}$ oder den Schwimmwinkel an der Hinterachse β_{HA}, wobei der Einfluss der veränderlichen Wankmomentenverteilung im Vergleich überwiegt.

6.4 Applikation des Bremsregelsystems

Dieses Kapitel zeigt basierend auf den in Kapitel 5.4 identifizierten Parametereinflüssen die gezielte Applikation des Bremsregelsystems für die ausgewählten Fahrzeugvarianten. Das Ziel der Applikation ist die Erhöhung der Stabilität bei gleichzeitigem Erhalt der Agilität des Fahrzeugs. Für die Applikation des Bremsregelsystems wird die Variante 1 als Referenz mit dem niedrigsten Stabilitätskennwert KW_{Stab} definiert und seine Applikation im Folgenden beibehalten. Diese Variante verfügt über die Dynamik-Allrad-Lenkung und damit über die physikalisch besten Voraussetzungen, den absoluten Schwimmwinkel klein zu halten. Es ist nicht zu erwarten, dass die Variante 2 und die Variante 3 durch die Veränderung der Applikation das Stabilitätsniveau der Variante 1 erreichen. Von den 11 Parametern, die die höchsten Einflüsse auf die definierten objektiven Bewertungskennwerte KW_{Stab} und KW_{Agil} aufweisen, werden 4 Parameter angepasst. Dabei ist angestrebt, die Fahrzeugdynamik mithilfe des Bremsregelsystems zu beschränken, dabei aber das agile Verhalten zu bewahren. Es wären also auch extremere Applikationen mit früheren Eingriffen möglich.

Die Abbildung 6.5 zeigt den Vergleich der Referenzvariante und der angepassten Variante 2. Die Begrenzung auf nur eine der applizierten Varianten erfolgt aufgrund der besseren Übersichtlichkeit. Die Darstellung mit beiden veränderten Varianten ist in Anhang A.4 in Form von Abbildung A4.1 dargestellt. Dabei sind die typischen Fahrdynamikgrößen in Abhängigkeit der Zeit t dargestellt. Die Veränderung der objektiven Bewertungskennwerte KW_{Stab} und KW_{Agil} ist in der Tabelle 6.2 dargestellt. Bei der Betrachtung der Querbeschleunigung a_y in Abbildung 6.5 wird deutlich, dass die Unterschiede der maximal erreichten Werte im niedrigen einstelligen Prozentbereich liegen. Der Unterschied auf dem ersten Maximum wird durch den Kennwert KW_{Agil} beschrieben. Durch

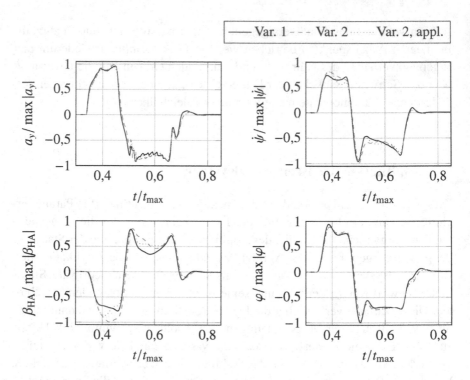

Abbildung 6.5: Exemplarischer Vergleich einer identifizierten Eckvariante im Manöver Sinus mit Haltezeit vor und nach der Applikation mit der Referenzvariante

die veränderte Applikation wird der Kennwert von Variante 2 und Variante 3 um 4 % bzw. 2 % reduziert. Die Unterschiede auf dem zweiten Maximum zeigen geringere Werte.

Die Analyse der Gierrate $\dot{\psi}$ verdeutlicht die Wirkweise der Bremsregeleingriffe. Die Varianten mit der veränderten Applikation zeigen auf dem ersten Maximum die gleichen maximalen Werte. Nach dem Erreichen der Maximalwerte bewirken die veränderten Bremseingriffe jedoch, dass die Varianten mit angepasster Applikation ihre Gierrate mit einem größeren Gradienten abbauen, sodass die Unterschiede auf dem nachgelagerten lokalen Maximum 7 % bzw. 8 % betragen. Die Verringerung der maximalen Gierrate auf dem zweiten ausgeprägten Maximum bei $t \approx 0{,}5t_{max}$ entspricht vergleichbaren relativen Werten.

Die im Verlauf der Gierrate $\dot{\psi}$ erkennbare Reduzierung der Fahrzeugdynamik wird auch im Verlauf des Schwimmwinkelsignals an der Hinterachse β_{HA} deutlich. Das erste ausgeprägte Maximum des Schwimmwinkels liegt zeitlich hinter dem der Gierrate, sodass die veränderten Bremseingriffe bereits vor dem ersten Maximum des Schwimmwinkels deutlich werden. Während die Varianten ohne veränderte Applikation bei $t \approx 0{,}39t_{max}$ den Schwimmwinkel weiter erhöhen, bauen die applizierten Varianten ihn dort zunächst weniger dynamisch auf. Ab $t \approx 0{,}41t_{max}$ erfolgt durch die veränderten Bremseingriffe der Abbau des Schwimmwinkels an der Hinterachse. Dadurch werden die auftretenden Amplituden dort um 12 % bzw. 19 % verringert. Die erzielten Verringerungen auf dem darauffolgenden Maximum sind geringer, wobei die Varianten mit der veränderten Applikation auf den beiden ausgeprägten Maxima bei $t \approx 0{,}51t_{max}$ und $t \approx 0{,}66t_{max}$ Amplituden unterhalb der Ausgangsvarianten aufweisen. Zwischen diesen genannten Zeitpunkten sind darüber hinaus auch qualitative Unterschiede zu identifizieren. Das abschließende Abklingen des Schwimmwinkelsignals wird nicht durch unterschiedliche Bremseingriffe beeinflusst. Die vorhandenen Abweichungen resultieren aus den unterschiedlichen Zuständen auf dem vorgelagerten Maximum.

Die beschriebenen Unterschiede im Hinterachsschwimmwinkel β_{HA} führen zu einer Veränderung des objektiven Stabilitätskennwerts KW_{Stab}, der in Tabelle 6.2 dargestellt ist. Der Kennwert KW_{Stab} von Variante 2 verringert sich durch die Applikation um etwa 13 %. Der gleiche Kennwert verringert sich für Variante 3 um annähernd 6 %.

Tabelle 6.2: Vergleich der ursprünglichen Eigenschaftskennwerte mit denen nach der Applikation des Bremsregelsystems

	Ausgangszustand		**Endzustand**		**Differenz**	
	$\dfrac{KW_{Stab}}{KW_{Stab,Ref}}$	$\dfrac{KW_{Agil}}{KW_{Agil,Ref}}$	$\dfrac{KW_{Stab}}{KW_{Stab,Ref}}$	$\dfrac{KW_{Agil}}{KW_{Agil,Ref}}$	$\dfrac{KW_{Stab}}{KW_{Stab,Ref}}$	$\dfrac{KW_{Agil}}{KW_{Agil,Ref}}$
Variante 1	100 %	100 %	100 %	100 %	0 %	0 %
Variante 2	120 %	103 %	107 %	99 %	−13 %	−4 %
Variante 3	122 %	104 %	116 %	102 %	−6 %	−2 %

Der Wankwinkel φ weist wie zuvor beschrieben einen starken Zusammenhang mit der Querbeschleunigung auf, wobei ein Phasenverzug des Wankwinkels vorhanden ist [73]. Außerdem nimmt die Nichtlinearität des zunächst meist linearen Zusammenhangs bei höheren Wankwinkeln aufgrund der progressiven Federkennlinien zu. Für das hier betrachtete Fahrzeug folgt, dass die Höhe der Amplituden des ersten ausgeprägten Maximums keinen Unterschied durch die veränderte Applikation aufweisen. Im zweiten Maximum bei $t \approx 0,5t_{max}$ zeigen die beiden Varianten mit veränderter Applikation höhere Wankwinkel als die Ausgangsvarianten, wobei der Unterschied bei Variante 3 bis zu 14 % beträgt. Die Unterschiede sind physikalisch durch die abweichenden Querbeschleunigungen begründet, die sich unmittelbar auf den Wankwinkel auswirken.

Unter Berücksichtigung, dass der Kennwert KW_{Stab} durch die Integralbildung über das gesamte Schwimmwinkelsignal berechnet wird und der Eingriff des Bremsregelsystems auf den Grenzbereich beschränkt ist, sind die erzielten Verringerungen im objektiven Stabilitätskennwert KW_{Stab} als hoch einzustufen. Die gleichzeitige Verringerung des objektiven Agilitätskennwerts KW_{Agil} beträgt für beide applizierte Varianten etwa ein Drittel der Verringerung des Stabilitätskriteriums. Das bedeutet, dass der prinzipbedingt vorhandene Zielkonflikt zwischen Stabilität und Agilität zwar bei der veränderten Applikation der Fahrzeuge sichtbar wird, der Einfluss auf die Erhöhung der Stabilität jedoch größer ist. Bei der Verwendung alternativer Stabilitätskennwerte, wie sie in Kapitel 2.2.1 beschrieben sind, wären zum Teil noch größere Unterschiede identifizierbar. Dies wäre beispielsweise bei der Betrachtung des maximal auftretenden Schwimmwinkels oder des Schwimmwinkelintegrals oberhalb eines Referenzwinkels der Fall.

Zusammenfassend zeigt das Kapitel anhand eines Fahrzeugprojekts auf, wie die in den Kapiteln 3 bis 5 vorgestellten Methoden in der Fahrzeugentwicklung anzuwenden sind und dabei einen Mehrwert generieren. Mithilfe der Erkenntnisse aus Kapitel 4 sind die Zusammenhänge zwischen dem Grundfahrzeug ohne das Bremsregelsystem und dem Fahrzeug mit dem Bremsregelsystem identifiziert. Darauf aufbauend werden in diesem Kapitel Fahrzeugvarianten bestimmt, die im weiteren Entwicklungsprozess eine besondere Beachtung haben und stellvertretend für die gesamte Fahrzeugvarianz stehen.

Für die ausgewählten Varianten wird mithilfe der Ergebnisse aus Kapitel 5 die Parametrierung des Bremsregelsystems zielgerichtet angepasst, um die zuvor definierten Eigenschaftskennwerte zu beeinflussen und Zielwerte zu erreichen. Die Untersuchung betrachtet exemplarisch drei Varianten, wobei die Applikation eine Annäherung der Stabilitätseigenschaften hin zur Referenzvariante bewirkt. Gleichzeitig werden auch die Agilitätskennwerte verändert, wobei die applizierten Varianten objektiv betrachtet an Agilität verlieren. Dieser Verlust ist in Relation jedoch kleiner als der Zugewinn an Stabilität.

7 Schlussfolgerung und Ausblick

Die Arbeit zeigt einen durchgängigen, virtuellen Prozess zur zielgerichteten Eigenschaftsentwicklung von Fahrzeugen mit Bremsregelsystem auf. Dabei werden sowohl der Beginn des Entwicklungsprozesses in Form von objektiven Eigenschaftszielen auf der Gesamtfahrzeugebene als auch das Ende des Prozesses bis zur Applikation adressiert. Der Fokus wird auf die Gesamtfahrzeugebene gelegt und die notwendigen Methoden eingeordnet. Damit ist das in Kapitel 1.2 formulierte Ziel Z_1 zur Definition eines durchgängigen Entwicklungsprozesses erfüllt. Zur Simulation der komplexen Fahrzeuge mit vernetzten Fahrwerkregelsystemen wird eine entsprechende Simulationsumgebung vorgestellt und validiert. Dabei wird ein SiL-Ansatz gewählt, der sich von der Vielzahl der bisherigen Veröffentlichungen abhebt, die zumeist auf HiL-Prüfstände zurückgreifen. Die Güte der verwendeten Simulationsumgebung wird in Manövern unterschiedlicher Dynamik als zielführend herausgestellt, womit das Ziel Z_2, das den Aufbau einer passenden Simulationsumgebung fordert, umgesetzt ist. Bei der durchgeführten Validierung zeigt sich, dass die Simulation des Schwimmwinkels in hochdynamischen Manövern im Vergleich mit der Messung die größte Herausforderung darstellt. Die Einordnung der auftretenden Abweichungen bedarf weiterer Untersuchungen, da das Signal des Schwimmwinkels nicht direkt messbar ist und auf einer Schätzung basiert.

Anhand des vorgestellten Entwicklungsprozesses wird die Notwendigkeit einer Objektivierung des Fahrzeugverhaltens mit Eingriffen durch das Bremsregelsystem aufgezeigt. Die Arbeit stellt erstmalig eine generische Methode für eine solche Objektivierung vor. Die Entwicklung dieser Methode basiert auf der systematischen Auswertung von Messdaten, wobei von Experten gefahrene closed-loop Manöver betrachtet werden. Durch den Einsatz statistischer Methoden werden dabei zum einen die Hauptbewertungskriterien der Versuchsingenieure herausgearbeitet und die objektiven Bewertungsgrößen des Fahrzeugverhaltens ermittelt. Damit ermöglicht der Prozess die Identifikation einer minimalen Anzahl an objektiven Bewertungskriterien und stellt eine Korrelation mit den subjektiven Bewertungen der Experten sicher. Durch die erfolgreiche Anwendung der Methode auf ein Spurwechselmanöver wird ihre Relevanz für die Praxis nachgewiesen. Damit ermöglicht die vorgestellte Methode die Erarbeitung neuer Bewertungsmetriken unter der Berücksichtigung des Expertenwissens. Grundsätzlich ist das Vorhandenseins des Bremsregelsystems keine Anforderung, sodass auch die Übertragbarkeit auf die Entwicklung passiver Fahrzeuge oder auf Fahrzeuge mit anderen Fahrwerkregelsystemen möglich ist.

Die Methode setzt weiterführend auf der Objektivierung des closed-loop Manövers auf und beschreibt die begründete Definition eines open-loop Ersatzmanövers mit den entsprechenden Kennwerten. Dazu werden Korrelationsanalysen genutzt, die einen Zusammenhang zwischen den objektiven Bewertungskennwerten der beiden Manöver herstellen. Im konkreten Anwendungsbeispiel wird das Manöver Sinus mit Haltezeit als open-loop Ersatzmanöver herausgearbeitet. Die ermittelten Korrelationskoeffizienten weisen mathematisch eine hohe Korrelation zwischen den Kennwerten nach. Dennoch ist kein perfekter linearer Zusammenhang zu erkennen, sodass im jeweiligen Anwendungsfall basierend auf den physikalischen Zusammenhängen kritisch zu hinterfragen ist, ob die gefundene Substitution des Manövers gültig ist.

Der letzte Bestandteil der Methode zur Objektivierung ermöglicht die Identifikation des Zusammenhangs zwischen dem Fahrzeug mit Bremsregelsystem und dem Grundfahrzeug ohne dieses. Der praktische Nutzen liegt dabei in der Erkennung von kritischen Fahrzeugvarianten in der frühen Entwicklungsphase, wenn das Bremsregelsystem noch nicht vorliegt. Dabei werden erneut Korrelationsuntersuchungen eingesetzt. Die generische Methode wird wieder auf das Anwendungsbeispiel des Spurwechsels angewendet. Dabei zeigt sich, dass die Betrachtung des Grundfahrzeugs eine Prognose des Fahrzeugverhaltens für das Fahrzeug mit dem Bremsregelsystem ermöglicht. Damit ist das übergeordnete Ziel der Definition einer Methode zur Objektivierung Z_3 durch die Erfüllung der untergeordneten Ziele Z_{31}, Z_{32} und Z_{33} verwirklicht. Bei der durchgeführten Untersuchung ist trotz hoher Korrelationskoeffizienten bei den Kennwerten bestimmter Fahrzeugvarianten eine Abweichung von der idealen Korrelationsgerade zu erkennen. Die Gründe dafür werden im Anwendungsbeispiel untersucht und plausibilisiert. Für die grundsätzliche Anwendbarkeit in anderen Untersuchungen bedeutet dies jedoch, dass nach den bisherigen Erkenntnissen eine Plausibilisierung der Zusammenhänge über die mathematische Untersuchung hinaus zu empfehlen ist. Als methodischer Anschluss ist zu prüfen, ob die vorgestellte Methode bei der Betrachtung anderer Fahrzeugeigenschaften Einschränkungen aufweist und entsprechende Erweiterungen und Anpassungen erforderlich sind. Dabei sind beispielsweise Untersteuermanöver oder auch Manöver mit einer Relevanz für Rollover zu nennen. Das Thema Rollover stellt ein derzeit viel beachtetes Forschungsthema dar [8], [14], [35], [36], [37], [119], [207]. In den zukünftigen Forschungen wird eine tiefergehende Untersuchung des Fahrereinflusses auf das Fahrzeugverhalten durchgeführt.

Die Anwendung von Sensitivitätsanalysen zur Erreichung und Absicherung der formulierten Fahrzeugeigenschaftsziele wird ebenfalls mithilfe des dargelegten Entwicklungsprozesses motiviert. Dabei wird ein Vorgehen aufgezeigt, das die Untersuchung des Einflusses der statischen Fahrzeugparameter und der Applikationsparameter des Bremsregelsystems ermöglicht, womit das Ziel Z_4 erfüllt ist. Als Bewertungsmaßstab des Fahrverhaltens dienen die zuvor ermittelten objektiven Bewertungskennwerte. Die Verwendung des Iterated Fractional Factorial Designs zur Analyse der Vielzahl an Parametern des Bremsregelsystems ist der erstmalige Einsatz im Bereich der Fahrzeugtechnik. Die eingesetzten Verfahren erfordern die Durchführung zahlreicher Simulationsrechnungen und konvergieren dabei verhältnismäßig langsam. Aus diesem Grund ist die Optimierung der Anwendung dieser Verfahren wünschenswert. Dabei sind als Stellhebel sowohl die Verwendung anderer mathematischer Ansätze als auch die Reduzierung der Rechenzeit denkbar.

Abschließend wird die Praxisrelevanz der vorgestellten Methoden gezeigt. Dabei wird der eingangs formulierte Entwicklungsprozess auf der Gesamtfahrzeugebene exemplarisch durchlaufen. Die Basis bilden die virtuell aufgebauten Fahrzeugvarianten. Diese unterscheiden sich durch ihre Fahrwerkregelsysteme, ihre Bereifungen, ihre Antriebsvarianten und ihren Radstand. Für die identifizierten Eckvarianten wird mithilfe der Ergebnisse der Sensitivitätsanalyse eine Applikation des Bremsregelsystems vorgenommen. Dabei zeigt sich, dass die objektiven Eigenschaftskennwerte in dem gewünschten Maße beeinflusst werden und sich das Fahrzeugverhalten damit dem Zielverhalten annähert. Damit ist gezeigt, dass die entwickelten Methoden einen wesentlichen Beitrag zur durchgängigen Eigenschaftsentwicklung von Fahrzeugen mit Bremsregelsystem darstellen, womit das Ziel Z_5 umgesetzt ist. Für die breitere Anwendung der Methode ist die Definition von eindeutigen Zielwerten für das gesamte Fahrzeugportfolio wünschenswert. Damit ist die Definition einer klaren Genetik des Fahrzeugherstellers in Form von objektiven Größen möglich.

Damit zeigt die vorliegende Arbeit erstmalig einen durchgängigen und virtuellen Entwicklungsprozess zur gezielten Entwicklung von Fahrzeugen mit Bremsregelsystem ausgehend von objektiven Fahrzeugeigenschaftszielen. Die entwickelte Methode zur Objektivierung stellt dabei einen wichtigen Schritt zur Virtualisierung des vielfach etablierten Fahrversuchs und zur frühzeitigen Beeinflussung des Fahrzeugverhaltens bereits in der Konzeptphase dar. Die eingesetzten Sensitivitätsanalysemethoden ermöglichen die systematische Applikation des Bremsregelsystems und die Beurteilung der Robustheit des Fahrzeugverhaltens, sodass die Einhaltung der zu Beginn des Entwicklungsprozesses formulierten Eigenschaftsziele unterstützt und die Durchgängigkeit im Prozess möglich wird.

Literaturverzeichnis

[1] ABEL, Hendrik: *Entwicklung einer Fahrwerkauslegungsmethode für Pkw zur Anwendung in der Konzeptphase (Band 11)*. Göttingen: Cuvillier Verlag, 2019. – OCLC: 1130392709. – ISBN 978-3-7369-7114-1

[2] ADAMSKI, Dirk: *Simulation in der Fahrwerktechnik: Einführung in die Erstellung von Komponenten- und Gesamtfahrzeugmodellen*. Wiesbaden: Springer Vieweg, 2014 (ATZ / MTZ-Fachbuch). – OCLC: 897755565. – ISBN 978-3-658-06535-5 978-3-658-06536-2

[3] AICHHOLZER, Julian: *Einführung in lineare Strukturgleichungsmodelle mit Stata*. Wiesbaden: Springer VS, 2017 (Lehrbuch). – OCLC: 978264704. – ISBN 978-3-658-16670-0 978-3-658-16669-4

[4] ALLEN, R. W.; ROSENTHAL, Theodore J.; KLYDE, David H.; OWENS, Keith J.; SZOSTAK, Henry T.: Validation of Ground Vehicle Computer Simulations Developed for Dynamics Stability Analysis, URL https://www.sae.org/content/920054/. – Zugriffsdatum: 2020-07-11, Februar 1992, S. 920054

[5] ANDRES, T.H.: Sampling methods and sensitivity analysis for large parameter sets. In: *Journal of Statistical Computation and Simulation* 57 (1997), April, Nr. 1-4, S. 77–110. – URL http://www.tandfonline.com/doi/abs/10.1080/00949659708811804. – Zugriffsdatum: 2020-02-05. – ISSN 0094-9655, 1563-5163

[6] ANDRES, T.H.; HAJAS, W.C.: Using iterated fractional factorial design to screen parameters in sensitivity analysis of a probabilistic risk assessment model. In: KÜSTERS, H. (Hrsg.); STEIN, E. (Hrsg.): *Proceedings of the Joint International Conference on Mathematical Methods and Supercomputing in Nuclear Applications: M & C + SNA '93 ; April 19-23, 1993, Congress and Exhibition Centre, Karlsruhe, Germany*. Karlsruhe, 1993, S. 328–337. – ISBN 978-3-923704-11-8

© Der/die Herausgeber bzw. der/die Autor(en), exklusiv lizenziert durch
Springer Fachmedien Wiesbaden GmbH, ein Teil von Springer Nature 2021
F. Fontana, *Methoden zur durchgängigen virtuellen Eigenschaftsentwicklung von Fahrzeugen mit Bremsregelsystem*, Wissenschaftliche Reihe Fahrzeugtechnik Universität Stuttgart, https://doi.org/10.1007/978-3-658-35238-7

[7] ARNDT, Michael; BAADE, Michael; BERNDT, René; BUNAR, Frank; BUNEL, Boris; GRAF, Gernot; GRUBMÜLLER, Markus; JANSEN, Helmut; KÖHLER, Dieter; MOSER, Elisa-Maria; WALTER, Lukas; WANKER, Roland; SCHRADE, Friedemann; TSCHÖKE, Helmut; VIDMAR, Khai; TSCHÖKE, Helmut (Hrsg.): *Real Drive Emissions (RDE): Gesetzgebung, Vorgehensweise, Messtechnik Motorische Maßnahmen Abgasnachbehandlung Auswirkungen.* 1. Auflage 2019. Wiesbaden: Springer Fachmedien, 2018 (ATZ/MTZ-Fachbuch). – OCLC: 1052440907. – ISBN 978-3-658-21079-3 978-3-658-21078-6

[8] ATAEI, Mansour; KHAJEPOUR, Amir; JEON, Soo: Model predictive rollover prevention for steer-by-wire vehicles with a new rollover index. In: *International Journal of Control* 93 (2020), Januar, Nr. 1, S. 140–155. – URL https://www.tandfonline.com/doi/full/10.1080/00207179.2018.1535198. – Zugriffsdatum: 2020-07-14. – ISSN 0020-7179, 1366-5820

[9] BACKHAUS, Klaus; ERICHSON, Bernd; PLINKE, Wulff; WEIBER, Rolf: *Multivariate Analysemethoden: eine anwendungsorientierte Einführung.* 15., vollständig überarbeitete Auflage. Berlin, Heidelberg: Springer Gabler, 2018. – OCLC: 1044548215. – ISBN 978-3-662-56654-1 978-3-662-56655-8

[10] BECKER, Klaus; HAAL, Michael: Objektivierung subjektiver Fahreindrücke – Methodik und Anwendung - Benchmarking der Leerlaufgeräuschqualität von Personenkraftwagen -. In: *Fortschritte der Akustik - DAGA (2005)* Bd. 1. München, 2005, S. 401, 402

[11] BEIKER, Sven: Verbesserungsmöglichkeiten des Fahrverhaltens von Pkw durch zusammenwirkende Regelsysteme / VDI Verlag. Düsseldorf, 2000 (418). – Forschungsbericht

[12] BEIKER, Sven; MITSCHKE, Manfred: Verbesserungsmöglichkeiten des Fahrverhaltens von Pkw durch zusammenwirkende Regelsysteme. In: *ATZ - Automobiltechnische Zeitschrift* 103 (2001), Nr. 1, S. 38–43. – URL https://www.springerprofessional.de/verbesserungsmoeglichkeiten-des-fahrverhaltens-von-

pkw-durch-zus/4979486?fulltextView=true. – Zugriffsdatum: 2020-03-26

[13] BEITZ, Wolfgang (Hrsg.); KÜTTNER, Karl-Heinz (Hrsg.): *Taschenbuch für den Maschinenbau*. Berlin, Heidelberg: Springer-Verlag, 1981. – URL http://www.springerlink.com/content/978-3-662-29710-0. – Zugriffsdatum: 2020-07-12. – OCLC: 867185144. – ISBN 978-3-662-29710-0

[14] BENCATEL, Ricardo; TIAN, Ran; GIRARD, Anouck R.; KOLMANOVSKY, Ilya: Reference Governor Strategies for Vehicle Rollover Avoidance. In: *IEEE Transactions on Control Systems Technology* 26 (2018), November, Nr. 6, S. 1954–1969. – URL https://ieeexplore.ieee.org/document/8063352/. – Zugriffsdatum: 2020-07-14. – ISSN 1063-6536, 1558-0865, 2374-0159

[15] BENDER, Klaus (Hrsg.): *Embedded Systems - qualitätsorientierte Entwicklung*. Berlin, Heidelberg: Springer-Verlag, 2005. – URL http://link.springer.com/10.1007/b138984. – Zugriffsdatum: 2020-04-01. – ISBN 978-3-540-22995-7

[16] BERGEN, Bart; CHAVAN, Jaysing A.; VAN DE ROSTYNE, Kris: Target Setting for Vibration Transmission Through Driveline Components Based on On-Vehicle and On-Bench Evaluation. In: SIEBENPFEIFFER, Wolfgang (Hrsg.): *Automotive Acoustics Conference 2019*. Wiesbaden: Springer Fachmedien, 2020, S. 109–121. – URL http://link.springer.com/10.1007/978-3-658-27669-0_9. – Zugriffsdatum: 2020-02-06. – ISBN 978-3-658-27668-3 978-3-658-27669-0

[17] BOEHM, B.W.: Guidelines for Verifying and Validating Software Requirements and Design Specifications. In: SAMET, P. A. (Hrsg.): *Euro IFIP 79*. Amsterdam, 1979, S. 711–719

[18] BÖGE, Alfred; BÖGE, Wolfgang: *Technische Mechanik: Statik – Reibung – Dynamik – Festigkeitslehre – Fluidmechanik*. Wiesbaden: Springer Fachmedien, 2019. – URL http://link.springer.com/10.1007/978-3-658-25724-8. – Zugriffsdatum: 2020-03-05. – ISBN 978-3-658-25723-1 978-3-658-25724-8

[19] BORKY, John M.; BRADLEY, Thomas H.: *Effective Model-Based Systems Engineering*. Cham: Springer International Publishing, 2019. – URL http://link.springer.com/10.1007/978-3-319-95669-5. – Zugriffsdatum: 2019-11-18. – ISBN 978-3-319-95668-8 978-3-319-95669-5

[20] BORTZ, Jürgen; DÖRING, Nicola: *Forschungsmethoden und Evaluation*. Berlin, Heidelberg: Springer-Verlag, 2006 (Springer-Lehrbuch). – URL http://link.springer.com/10.1007/978-3-540-33306-7. – Zugriffsdatum: 2020-01-13. – ISBN 978-3-540-33305-0 978-3-540-33306-7

[21] Bös, Manuel: *Untersuchung und Optimierung der Fahrkomfort- und Fahrdynamikeigenschaften von Radladern unter Berücksichtigung der prozessspezifischen Randbedingungen*. Karlsruhe: KIT Scientific Publishing, 2015 (Karlsruher Schriftenreihe Fahrzeugsystemtechnik 29). – OCLC: 931845393. – ISBN 978-3-7315-0310-1

[22] BOUKOUVALAS, Alexis; GOSLING, John P.; MARURI-AGUILAR, Hugo: An Efficient Screening Method for Computer Experiments. In: *Technometrics* 56 (2014), Oktober, Nr. 4, S. 422–431. – URL http://www.tandfonline.com/doi/full/10.1080/00401706.2013.866599. – Zugriffsdatum: 2020-06-02. – ISSN 0040-1706, 1537-2723

[23] BOYRAZ, Emre: *Ein Beitrag zur objektiven Bewertung der dynamischen Eigenschaften von Luftfedern*, DuEPublico: Duisburg-Essen Publications online, University of Duisburg-Essen, Germany, Dissertation, August 2019. – URL https://duepublico2.uni-due.de/receive/duepublico_mods_00070403. – Zugriffsdatum: 2020-07-06

[24] BRAUNHOLZ, Christopher: *Integration von Sensitivitätsanalysemethoden in den Entwicklungsprozess für Fahrwerkregelsysteme*. Wiesbaden: Springer Fachmedien, 2021 (Wissenschaftliche Reihe Fahrzeugtechnik Universität Stuttgart). – URL http://link.springer.com/10.1007/978-3-658-33359-1. – Zugriffsdatum: 2021-05-09. – ISBN 978-3-658-33358-4 978-3-658-33359-1

[25] BRAUNHOLZ, Christopher; KRANTZ, W.; WIEDEMANN, J.; SCHARFENBAUM, I.; SCHAAF, U.; OHLETZ, A.: Vehicle simulation environment enabling model-based systems engineering of chassis control systems. In: BARGENDE, Michael (Hrsg.); REUSS, Hans-Christian (Hrsg.); WIEDEMANN, Jochen (Hrsg.): *18. Internationales Stuttgarter Symposium*. Wiesbaden: Springer Fachmedien, 2018, S. 343–361. – URL http://link.springer.com/10.1007/978-3-658-21194-3_28. – Zugriffsdatum: 2019-11-18. – ISBN 978-3-658-21193-6 978-3-658-21194-3

[26] BREMS, Willibald: *Querdynamische Eigenschaftsbewertung in einem Fahrsimulator*. Wiesbaden: Springer Fachmedien, 2018. – URL http://link.springer.com/10.1007/978-3-658-22787-6. – Zugriffsdatum: 2020-02-06. – ISBN 978-3-658-22786-9 978-3-658-22787-6

[27] BREUER, Bert (Hrsg.); BILL, Karlheinz H. (Hrsg.): *Bremsenhandbuch: Grundlagen, Komponenten, Systeme, Fahrdynamik*. Wiesbaden: Springer Fachmedien, 2017. – URL http://link.springer.com/10.1007/978-3-658-15489-9. – Zugriffsdatum: 2019-11-22. – ISBN 978-3-658-15488-2 978-3-658-15489-9

[28] BREUER, Stefan; ROHRBACH-KERL, Andrea: *Fahrzeugdynamik*. Wiesbaden: Springer Fachmedien, 2015. – URL http://link.springer.com/10.1007/978-3-658-09475-1. – Zugriffsdatum: 2020-03-06. – ISBN 978-3-658-09474-4 978-3-658-09475-1

[29] BÜHL, Achim; ZÖFEL, Peter: *Erweiterte Datenanalyse mit SPSS: Statistik und Data Mining*. 1. Aufl. Wiesbaden: Westdt. Verl, 2002. – OCLC: 248590598. – ISBN 978-3-531-13821-3

[30] BUNDESMINISTERIUM FÜR UMWELT, NATURSCHUTZ, BAU UND REAKTORSICHERHEIT (BMUB) (Hrsg.): Nationales Programm für nachhaltigen Konsum. Berlin, 2019. – Forschungsbericht

[31] BURKERT, Andreas: Effizienterer Antriebsstrang durch Elektrifizierung. In: *ATZelektronik* 14 (2019), Mai, Nr. 5, S. 14–15. – URL http://link.springer.com/10.1007/s35658-019-0049-x. – Zugriffsdatum: 2020-03-19. – ISSN 1862-1791, 2192-8878

[32] CAMPOLONGO, Francesca; CARIBONI, Jessica; SALTELLI, Andrea: An effective screening design for sensitivity analysis of large models. In: *Environmental Modelling & Software* 22 (2007), Oktober, Nr. 10, S. 1509–1518. – URL https://linkinghub.elsevier.com/retrieve/pii/S1364815206002805. – Zugriffsdatum: 2019-11-18. – ISSN 13648152

[33] CAMPOLONGO, Francesca; SALTELLI, Andrea; CARIBONI, Jessica: From screening to quantitative sensitivity analysis. A unified approach. In: *Computer Physics Communications* 182 (2011), April, Nr. 4, S. 978–988. – URL https://linkinghub.elsevier.com/retrieve/pii/S0010465510005321. – Zugriffsdatum: 2020-06-02. – ISSN 00104655

[34] CATTELL, Raymond B.: The Scree Test For The Number Of Factors. In: *Multivariate Behavioral Research* 1 (1966), April, Nr. 2, S. 245–276. – URL http://www.tandfonline.com/doi/abs/10.1207/s15327906mbr0102_10. – Zugriffsdatum: 2020-06-07. – ISSN 0027-3171, 1532-7906

[35] CHANG, Fan; KRAUTER, Konrad; VAN PUTTEN, Sebastiaan; KUBENZ, Jan; OHLETZ, Armin; PROKOP, Günther: Cause and effect chains analysis of rollover behavior with respect to chassis design. In: BARGENDE, Michael (Hrsg.); REUSS, Hans-Christian (Hrsg.); WAGNER, Andreas (Hrsg.); WIEDEMANN, Jochen (Hrsg.): *19. Internationales Stuttgarter Symposium*. Wiesbaden: Springer Fachmedien, 2019, S. 1231–1243. – URL http://link.springer.com/10.1007/978-3-658-25939-6_98. – Zugriffsdatum: 2020-02-06. – ISBN 978-3-658-25938-9 978-3-658-25939-6

[36] CHANG, Fan; KRAUTER, Konrad; VAN PUTTEN, Sebastiaan; PROKOP, Günther: Analyzing the Rollover Stability of SUVs. In: *ATZ worldwide* 121 (2019), April, Nr. 4, S. 44–47. – URL http://link.springer.com/10.1007/s38311-019-0008-4. – Zugriffsdatum: 2020-02-06. – ISSN 2192-9076

[37] CHANG, Fan; PROKOP, Günther; VAN PUTTEN, Sebastiaan: Analysis of rollover behavior of SUVs in the early phase of chassis development. In: BARGENDE, Michael (Hrsg.); REUSS, Hans-Christian (Hrsg.); WIEDEMANN, Jochen (Hrsg.): *18. Internationales Stuttgarter Symposium*.

Wiesbaden: Springer Fachmedien, 2018, S. 7–21. – URL http://
link.springer.com/10.1007/978-3-658-21194-3_4. – Zugriffsdatum: 2019-11-18. – ISBN 978-3-658-21193-6 978-3-658-21194-3

[38] CHEN, D. C.; CROLLA, D. A.:   Subjective and objective measures of vehicle handling: Drivers & experiments.   In: *Vehicle System Dynamics*   29 (1998), Januar, Nr. sup1, S. 576–
597. –   URL http://www.tandfonline.com/doi/abs/10.1080/
00423119808969588. – Zugriffsdatum: 2020-02-04. – ISSN 0042-
3114, 1744-5159

[39] CHINDAMO, Daniel; LENZO, Basilio; GADOLA, Marco: On the Vehicle Sideslip Angle Estimation: A Literature Review of Methods, Models, and
Innovations. In: *Applied Sciences* 8 (2018), März, Nr. 3, S. 355. – URL
http://www.mdpi.com/2076-3417/8/3/355. – Zugriffsdatum: 2020-
07-11. – ISSN 2076-3417

[40] CHOUINARD, Aline; LÉCUYER, Jean-François: A study of the effectiveness of Electronic Stability Control in Canada.   In: *Accident Analysis & Prevention*   43 (2011), Januar, Nr. 1, S. 451–
460. – URL https://linkinghub.elsevier.com/retrieve/pii/
S0001457510002800. – Zugriffsdatum: 2019-11-18. – ISSN 00014575

[41] CHRISTENSEN, Björn; CHRISTENSEN, Sören; MISSONG, Martin: *Statistik
klipp & klar.* Wiesbaden: Springer Fachmedien, 2019   (WiWi klipp
& klar). – URL http://link.springer.com/10.1007/978-3-658-
27218-0. – Zugriffsdatum: 2019-11-25. – ISBN 978-3-658-27217-3
978-3-658-27218-0

[42] COHEN, Jacob: *Statistical power analysis for the behavioral sciences.* 2.
ed., reprint. New York: Psychology Press, 2009. – OCLC: 642919193.
– ISBN 978-0-8058-0283-2

[43] CROLLA, D. A.; CHEN, D. C.; WHITEHEAD, J. P.; ALSTEAD, C. J.:   Vehicle Handling Assessment Using a Combined Subjective-Objective Approach, URL https://www.sae.org/content/980226/. – Zugriffsdatum: 2020-05-05, Februar 1998, S. 980226

[44] CURETON, Edward E.; AGOSTINO, Ralph B. d.: *Factor analysis, an applied approach: Edward E. Cureton, Ralph B. D'Agostino*. Hillsdale, N.J: L. Erlbaum Associates, 1983. – OCLC: 251946655. – ISBN 978-0-89859-048-7

[45] DANG, Jennifer N.:   PRELIMINARY RESULTS ANALYZING THE EFFECTIVENESS OF ELECTRONIC STABILITY CONTROL (ESC) SYSTEMS / National Highway Traffic Safety Administration.   URL www.nhtsa.dot.gov/cars/rules/regrev/evaluate/809790.html, 2004. – Forschungsbericht

[46] DECKER, M.: *Zur Beurteilung der Querdynamik von Personenkraftwagen*. München, Universitätsbibliothek der TU München, Dissertation, 2009

[47] DETTLAFF, Kilian: *Analytische und numerische Einflussanalyse aktiver Fahrwerksysteme*. Wiesbaden: Springer Fachmedien, 2020 (Wissenschaftliche Reihe Fahrzeugtechnik Universität Stuttgart). – URL http://link.springer.com/10.1007/978-3-658-29418-2. – Zugriffsdatum: 2020-04-16. – ISBN 978-3-658-29417-5 978-3-658-29418-2

[48] DEUTSCHES INSTITUT FÜR NORMUNG: *DIN ISO 8855:2013-11, Straßenfahrzeuge - Fahrzeugdynamik und Fahrverhalten - Begriffe (ISO_8855:2011)*. 2013. – URL https://www.beuth.de/de/-/-/170878818. – Zugriffsdatum: 2020-03-31

[49] DIERMEYER, Frank: *Methode zur Abstimmung von Fahrdynamikregelsystemen hinsichtlich Überschlagsicherheit und Agilität*. 1. Aufl. München: Verl. Dr. Hut, 2009 (Fahrzeugtechnik). – OCLC: 552254322. – ISBN 978-3-86853-112-1

[50] DONGES, Edmund: *Experimentelle Untersuchung und regelungstechnische Modellierung des Lenkverhaltens von Kraftfahrern bei simulierter Straßenfahrt*. 1977 (Darmstädter Dissertation)

[51] DONGES, EDMUND: Ein regelungstechnisches Zwei-Ebenen-Modell des menschlichen Lenkverhaltens im Kraftfahrzeug. In: *Zeitschrift für Verkehrssicherheit* 24 (1978), S. 98–112

[52] DYLLA, Simon: *Entwicklung einer Methode zur Objektivierung der subjektiv erlebten Schaltbetätigungsqualität von Fahrzeugen mit manuellem Schaltgetriebe.* Development of a method for the objectification of subjectively perceived gear-control quality of manual-shifted vehicles, KIT, Karlsruhe, PhD Thesis, 2010

[53] ECKEY, Hans-Friedrich; KOSFELD, Reinhold; RENGERS, Martina: *Multivariate Statistik: Grundlagen, Methoden, Beispiele.* 1. Aufl. Wiesbaden: Gabler, 2002 (Gabler-Lehrbuch). – OCLC: 76379700. – ISBN 978-3-409-11969-6

[54] EFRON, Bradley; TIBSHIRANI, Robert: *An introduction to the bootstrap.* Nachdr. Boca Raton, Fla.: Chapman & Hall, 1998 (Monographs on statistics and applied probability 57). – OCLC: 246733475. – ISBN 978-0-412-04231-7

[55] EINSLE, Stefan; FRITSCHE, Christopher: Utilization of objective tyre characteristics in the chassis development process. In: *chassis.tech plus – 4. Internationales Münchner Fahrwerk-Symposium.* München: Springer Vieweg, 2013, S. 749–761

[56] ERKE, Alena: Effects of electronic stability control (ESC) on accidents: A review of empirical evidence. In: *Accident Analysis & Prevention* 40 (2008), Januar, Nr. 1, S. 167–173. – URL https://linkinghub.elsevier.com/retrieve/pii/S0001457507000851. – Zugriffsdatum: 2020-06-04. – ISSN 00014575

[57] ERSOY, Metin (Hrsg.); GIES, Stefan (Hrsg.): *Fahrwerkhandbuch: Grundlagen - Fahrdynamik - Fahrverhalten - Komponenten - elektronische Systeme - Fahrerassistenz - autonomes Fahren - Perspektiven.* 5. Auflage. Wiesbaden: Springer Vieweg, 2017 (ATZ/MTZ-Fachbuch). – OCLC: 1001427702. – ISBN 978-3-658-15467-7 978-3-658-15468-4

[58] ESSER, Frank; MATHOT, Guy; HOFFMANN, Uwe: Testmethodenentwicklung zur Beurteilung der aktiven Sicherheit von Fahrzeugen. In: *Fahrwerk-Tech 2005.* München: TÜV-Akademie

[59] EUROPÄISCHES PARLAMENT: *Richtlinie 2007/46/EG des europäischen Parlaments und des Rates vom 5. September 2007 zur Schaffung eines*

Rahmens für die Genehmigung von Kraftfahrzeugen und Kraftfahrzeug-
anhängern sowie von Systemen, Bauteilen und selbstständigen techni-
schen Einheiten für diese Fahrzeuge

[60] EUROPÄISCHES PARLAMENT: *Verordnung (EU) Nr. 678/2011 der Kommis-*
sion vom 14. Juli 2011 zur Ersetzung des Anhangs II und zur Änderung
der Anhänge IV, IX und XI der Richtlinie 2007/46/EG des Europäischen
Parlaments und des Rates zur Schaffung eines Rahmens für die Geneh-
migung von Kraftfahrzeugen und Kraftfahrzeuganhängern sowie von
Systemen, Bauteilen und selbstständigen technischen Einheiten für die-
se Fahrzeuge

[61] FACH, Markus; BREUER, Jörg; BAUMANN, Frank; NUESSLE, Marcus; UN-
SELT, Thomas: Objective Assessment Methods for Wheel-Brake-Based
Systems of Active Safety. In: *FORTSCHRITT BERICHTE- VDI REIHE*
12 VERKEHRSTECHNIK FAHRZEUGTECHNIK Bd. 597. Düsseldorf:
VDI-Verlag, 2005, S. 136–157

[62] FAHRMEIR, Ludwig (Hrsg.): *Statistik: der Weg zur Datenanalyse.* 5., verb.
Aufl. Berlin: Springer-Verlag, 2004 (Springer-Lehrbuch). – OCLC:
64655631. – ISBN 978-3-540-21232-4

[63] FARMER, Charles M.: Effect of Electronic Stability Control on Auto-
mobile Crash Risk. In: *Traffic Injury Prevention* 5 (2004), Dezember, Nr. 4, S. 317–325. – URL http://www.tandfonline.com/doi/
full/10.1080/15389580490896951. – Zugriffsdatum: 2020-02-17. –
ISSN 1538-9588, 1538-957X

[64] FERGUSON, Susan A.: The Effectiveness of Electronic Stability Control in Reducing Real-World Crashes: A Literature Review.
In: *Traffic Injury Prevention* 8 (2007), Oktober, Nr. 4, S. 329–
338. – URL http://www.tandfonline.com/doi/abs/10.1080/
15389580701588949. – Zugriffsdatum: 2019-11-18. – ISSN 1538-
9588, 1538-957X

[65] FONTANA, Fabian; KRANTZ, Werner; WAGNER, Andreas; WIEDEMANN, Jochen; SCHAAF, Uli; SCHARFENBAUM, Ingo; STEGMANN, Philippe; OHLETZ,
Armin: Consistent Virtual Development of Vehicles with Brake Control Systems with Particular Consideration of Robustness. In: ECKSTEIN,

Lutz (Hrsg.); PISCHINGER, Stefan (Hrsg.); HEETKAMP, Michaela (Hrsg.); MÜLLER, Jonas (Hrsg.): *28. Aachener Kolloquium Fahrzeug- und Motorentechnik*. Aachen, 2019, S. 851–870. – ISBN 978-3-00-060311-2

[66] FONTANA, Fabian; NEUBECK, Jens; WAGNER, Andreas; WIEDEMANN, Jochen; SCHAAF, Uli; SCHARFENBAUM, Ingo: Approach to Objective Evaluation of Driving Behavior with ESC-interventions Demonstrated by a Lane Change Maneuver. In: BARGENDE, Michael (Hrsg.); REUSS, Hans-Christian (Hrsg.); WAGNER, Andreas (Hrsg.): *20. Internationales Stuttgarter Symposium*. Wiesbaden: Springer Fachmedien, 2020. – ISBN 978-3-658-29943-9

[67] FONTANA, Fabian; NEUBECK, Jens; WIEDEMANN, Jochen; SCHARFENBAUM, Ingo; STEGMANN, Philippe; OHLETZ, Armin; SCHAAF, Uli: Integrated approach for the virtual development of vehicles equipped with brake control systems. In: BARGENDE, Michael (Hrsg.); REUSS, Hans-Christian (Hrsg.); WAGNER, Andreas (Hrsg.); WIEDEMANN, Jochen (Hrsg.): *19. Internationales Stuttgarter Symposium*. Wiesbaden: Springer Fachmedien, 2019, S. 485–501. – URL http://link.springer.com/10.1007/978-3-658-25939-6_42. – Zugriffsdatum: 2019-11-18. – ISBN 978-3-658-25938-9 978-3-658-25939-6

[68] FORKENBROCK, Garrick J.; BOYD, Patrick L.: Light Vehicle ESC Performance Test Development. In: *20th International Technical Conference on the Enhanced Safety of Vehicles (ESV)*, 2007

[69] GARDNER, R.H.; O'NEILL, R.V.; MANKIN, J.B.; CARNEY, J.H.: A comparison of sensitivity analysis and error analysis based on a stream ecosystem model. In: *Ecological Modelling* 12 (1981), April, Nr. 3, S. 173–190. – URL https://linkinghub.elsevier.com/retrieve/pii/0304380081900569. – Zugriffsdatum: 2020-03-05. – ISSN 03043800

[70] GERDES, M.; DITTRICH, S.: Objektive Bewertung der Stabilität von Fahrzeugen mit ESP. In: *Steuerung und Regelung von Fahrzeugen und Motoren - AUTOREG 2006* Bd. 1931. Düsseldorf: VDI-Verlag, 2006, S. 249–258

[71] GLEN, Graham; ISAACS, Kristin: Estimating Sobol sensitivity indices using correlations. In: *Environmental Modelling & Soft-*

ware 37 (2012), November, S. 157–166. – URL https://linkinghub.elsevier.com/retrieve/pii/S1364815212001065. – Zugriffsdatum: 2020-02-27. – ISSN 13648152

[72] Gross, Dietmar; Hauger, Werner; Schröder, Jörg; Wall, Wolfgang A.: *Technische Mechanik 3: Kinetik.* Berlin, Heidelberg: Springer-Verlag, 2019. – URL http://link.springer.com/10.1007/978-3-662-59551-0. – Zugriffsdatum: 2020-03-05. – ISBN 978-3-662-59550-3 978-3-662-59551-0

[73] Gutjahr, David: *Objektive Bewertung querdynamischer Reifeneigenschaften im Gesamtfahrzeugversuch.* Karlsruhe: KIT Scientific Publishing, 2014 (Karlsruher Schriftenreihe Fahrzeugsystemtechnik 20). – OCLC: 871657011. – ISBN 978-3-7315-0153-4

[74] Guttman, Louis: Some necessary conditions for common-factor analysis. In: *Psychometrika* 19 (1954), Juni, Nr. 2, S. 149–161. – URL http://link.springer.com/10.1007/BF02289162. – Zugriffsdatum: 2020-06-07. – ISSN 0033-3123, 1860-0980

[75] Hahn, Karl M.; Holzmann, Henning; Weyer, Florian; Roemer, Mathias; Webb, Jonathan; Boltshauser, Sandro: Simulation-based Certification of ESC Systems for Passenger Vehicles in Europe. In: *SAE International Journal of Passenger Cars - Electronic and Electrical Systems* 5 (2012), April, Nr. 1, S. 89–99. – URL https://www.sae.org/content/2012-01-0235/. – Zugriffsdatum: 2019-11-22. – ISSN 1946-4622

[76] Hamby, D. M.: A review of techniques for parameter sensitivity analysis of environmental models. In: *Environmental Monitoring and Assessment* 32 (1994), September, Nr. 2, S. 135–154. – URL http://link.springer.com/10.1007/BF00547132. – Zugriffsdatum: 2020-03-05. – ISSN 0167-6369, 1573-2959

[77] Handl, Andreas; Kuhlenkasper, Torben: *Multivariate Analysemethoden: Theorie und Praxis mit R.* 3., wesentl. überarb. Aufl. 2017. Berlin: Springer Spektrum, 2017 (Statistik und ihre Anwendungen). – OCLC: 992989691. – ISBN 978-3-662-54753-3 978-3-662-54754-0

[78] HARRER, M.; STICKEL, T.; PFEFFER, P. E.: Automatisierung fahrdynamischer Messungen. In: *Reifen - Fahrwerk - Fahrbahn - markt- und kundengerechte Innovationen*. Düsseldorf: VDI Verlag GmbH, 2005, S. 429–449

[79] HARRER, Manfred: *Characterisation of steering feel*. 2007

[80] HEISELBERG, Per; BROHUS, Henrik; HESSELHOLT, Allan; RASMUSSEN, Henrik; SEINRE, Erkki; THOMAS, Sara: Application of sensitivity analysis in design of sustainable buildings. In: *Renewable Energy* 34 (2009), September, Nr. 9, S. 2030–2036. – URL https://linkinghub.elsevier.com/retrieve/pii/S0960148109000640. – Zugriffsdatum: 2020-02-19. – ISSN 09601481

[81] HEISSING, Bernd; HELLING, Jürgen: *Ein Beitrag zur objektiven Bewertung des fahrdynamischen Verhaltens von Pkw auf der Grundlage einer Fahrzeugsimulation*. Wiesbaden: VS Verlag für Sozialwissenschaften, 1977. – URL http://link.springer.com/10.1007/978-3-322-88382-7. – Zugriffsdatum: 2020-02-04. – ISBN 978-3-531-02675-6 978-3-322-88382-7

[82] HERMAN, J. D.; KOLLAT, J. B.; REED, P. M.; WAGENER, T.: Technical Note: Method of Morris effectively reduces the computational demands of global sensitivity analysis for distributed watershed models. In: *Hydrology and Earth System Sciences* 17 (2013), Juli, Nr. 7, S. 2893–2903. – URL https://www.hydrol-earth-syst-sci.net/17/2893/2013/. – Zugriffsdatum: 2020-03-04. – ISSN 1607-7938

[83] HEYDINGER, Gary J.; GARROTT, W. R.; CHRSTOS, Jeffrey P.; GUENTHER, Dennis A.: A Methodology for Validating Vehicle Dynamics Simulations, URL https://www.sae.org/content/900128/. – Zugriffsdatum: 2020-07-11, Februar 1990, S. 900128

[84] HJORT, Mattias; ANDERSSON, Håkan; JANSSON, Jonas; MÅRDH, Selina; SUNDSTRÖM, Jerker: *A test method for evaluating safety aspects of ESC equipped passenger cars*. 2009

[85] HOLZMANN, Henning; HAHN, Karl M.; WEBB, Jonathan; MIES, Oliver: Simulationsbasierte ESP-Homologation für Pkw. In: *ATZ - Automo-*

biltechnische Zeitschrift   114 (2012), September, Nr. 9, S. 698–702.
– URL http://link.springer.com/10.1007/s35148-012-0453-5.
– Zugriffsdatum: 2019-11-22. – ISSN 0001-2785, 2192-8800

[86] Homma, Toshimitsu; Saltelli, Andrea: Importance measures in global sensitivity analysis of nonlinear models. In: _Reliability Engineering & System Safety_   52 (1996), April, Nr. 1, S. 1–17. – URL https://linkinghub.elsevier.com/retrieve/pii/0951832096000026. – Zugriffsdatum: 2019-11-18. – ISSN 09518320

[87] Horak, Jiri; Pfitzer, Stefan; Keckeisen, Michael; Neumann, Christoph; Wüst, Klaus: Simulation-Based Homologation of Truck ESC Systems. In: _21. Aachener Kolloquium Fahrzeug- und Motorentechnik._ Aachen, 2012

[88] Horn, John L.:   A rationale and test for the number of factors in factor analysis. In: _Psychometrika_ 30 (1965), Juni, Nr. 2, S. 179–185. – URL http://link.springer.com/10.1007/BF02289447. – Zugriffsdatum: 2020-01-10. – ISSN 0033-3123, 1860-0980

[89] Internationale Organisation für Normung: _ISO 3833:1977, Road vehicles — Types — Terms and Definitions._ 1977

[90] Internationale Organisation für Normung: _ISO 3888-2:2011(E), Passenger cars — Test track for a severe lane-change manoeuvre._ 2011

[91] Internationale Organisation für Normung: _ISO 7401:2011(E), Road vehicles — Lateral transient response test methods — Open-loop test methods._ 2011

[92] Internationale Organisation für Normung: _ISO 4138:2012(E), Passenger cars — Steady-state circular driving behaviour — Open-loop test methods._ 2012

[93] Internationale Organisation für Normung: _ISO 19364:2016(E), Passenger cars — Vehicle dynamic simulation and validation — Steady-state circular driving behaviour._ 2016

[94] INTERNATIONALE ORGANISATION FÜR NORMUNG: *ISO 19365:2016(E), Passenger cars — Validation of vehicle dynamic simulation — Sine with dwell stability control testing.* 2016

[95] INTERNATIONALE ORGANISATION FÜR NORMUNG: *ISO 26262:2018(E), Road vehicles — Functional safety.* 2018

[96] INTERNATIONALE ORGANISATION FÜR NORMUNG: *ISO 3888-1:2018(E), Passenger cars — Test track for a severe lane-change manoeuvre.* 2018

[97] ISERMANN, Rolf (Hrsg.): *Fahrdynamik-Regelung: Modellbildung, Fahrerassistenzsysteme, Mechatronik ; mit 28 Tabellen.* 1. Aufl. Wiesbaden: Vieweg+Teubner Verlag, 2006 (ATZ/MTZ-Fachbuch). – OCLC: 180888734. – ISBN 978-3-8348-0109-8

[98] JABLONOWSKI, Carsten; SCHMITT, Joachim; OBERMÜLLER, Anton: Das Fahrwerk des neuen Audi A8. In: *ATZextra* 23 (2018), März, Nr. S9, S. 14–19. – URL http://link.springer.com/10.1007/s35778-017-0079-z. – Zugriffsdatum: 2020-03-18. – ISSN 2195-1454, 2195-1462

[99] JANSEN, Michiel J.: Analysis of variance designs for model output. In: *Computer Physics Communications* 117 (1999), März, Nr. 1-2, S. 35–43. – URL https://linkinghub.elsevier.com/retrieve/pii/S0010465598001544. – Zugriffsdatum: 2020-05-27. – ISSN 00104655

[100] JIHOON ROH; KANGWON LEE; JONGIL LEE; SEUNGKYU OH; HYOUNGSOO KIM; JINHEE JANG: Development of HIL simulator for the sensitivity analysis of factors influencing ESC performance. In: *2009 ICCAS-SICE*, August 2009, S. 4058–4062

[101] JOHANNSEN, Gunnar: *Mensch-Maschine-Systeme.* Berlin, Heidelberg: Springer-Verlag, 1993 (Springer-Lehrbuch). – URL http://link.springer.com/10.1007/978-3-642-46785-1. – Zugriffsdatum: 2020-02-18. – ISBN 978-3-642-46786-8 978-3-642-46785-1

[102] JOLLIFFE, I. T.: *Principal component analysis.* New York: Springer-Verlag, 2002. – URL http://www.ebrary.com. – Zugriffsdatum: 2020-01-10. – OCLC: 704495563. – ISBN 978-0-387-95442-4 978-0-387-22440-4

[103] KAISER, Henry F.: The varimax criterion for analytic rotation in factor analysis. In: *Psychometrika* 23 (1958), September, Nr. 3, S. 187–200. – URL http://link.springer.com/10.1007/BF02289233. – Zugriffs-datum: 2020-01-10. – ISSN 0033-3123, 1860-0980

[104] KAISER, Henry F.: The Application of Electronic Computers to Factor Analysis. In: *Educational and Psychological Measurement* 20 (1960), April, Nr. 1, S. 141–151. – URL http://journals.sagepub.com/doi/10.1177/001316446002000116. – Zugriffsdatum: 2020-06-07. – ISSN 0013-1644, 1552-3888

[105] KAISER, Henry F.: A second generation little jiffy. In: *Psychometrika* 35 (1970), Dezember, Nr. 4, S. 401–415. – URL http://link.springer.com/10.1007/BF02291817. – Zugriffsdatum: 2020-01-10. – ISSN 0033-3123, 1860-0980

[106] KAISER, Henry F.; RICE, John: Little Jiffy, Mark Iv. In: *Educational and Psychological Measurement* 34 (1974), April, Nr. 1, S. 111–117. – URL http://journals.sagepub.com/doi/10.1177/001316447403400115. – Zugriffsdatum: 2020-01-09. – ISSN 0013-1644, 1552-3888

[107] KIM, Hyung M.; RIDEOUT, D. G.; PAPALAMBROS, Panos Y.; STEIN, Jeffrey L.: Analytical Target Cascading in Automotive Vehicle Design. In: *Journal of Mechanical Design* 125 (2003), September, Nr. 3, S. 481–489. – URL https://asmedigitalcollection.asme.org/mechanicaldesign/article/125/3/481/476066/Analytical-Target-Cascading-in-Automotive-Vehicle. – Zugriffsdatum: 2020-02-06. – ISSN 1050-0472, 1528-9001

[108] KOHN, Wolfgang: *Statistik: Datenanalyse und Wahrscheinlichkeitsrech-nung.* Berlin: Springer-Verlag, 2005 (Statistik und ihre Anwendungen). – OCLC: 249768006. – ISBN 978-3-540-21677-3

[109] KRAFT, Christian: *Gezielte Variation und Analyse des Fahrverhal-tens von Kraftfahrzeugen mittels elektrischer Linearaktuatoren im Fahr-werksbereich.* Karlsruhe: KIT Scientific Publishing, 2011 (Karlsru-her Schriftenreihe Fahrzeugsystemtechnik 5). – OCLC: 706905170. – ISBN 978-3-86644-607-6

[110] KRUSKAL, William H.; WALLIS, W. A.: Use of Ranks in One-Criterion Variance Analysis. In: *Journal of the American Statistical Association* 47 (1952), Dezember, Nr. 260, S. 583–621. – URL http://www.tandfonline.com/doi/abs/10.1080/01621459.1952.10483441. – Zugriffsdatum: 2020-03-04. – ISSN 0162-1459, 1537-274X

[111] KUCKARTZ, Udo; RÄDIKER, Stefan; EBERT, Thomas; SCHEHL, Julia: *Statistik*. Wiesbaden: VS Verlag für Sozialwissenschaften, 2013. – URL http://link.springer.com/10.1007/978-3-531-19890-3. – Zugriffsdatum: 2020-01-10. – ISBN 978-3-531-19889-7 978-3-531-19890-3

[112] LEISTER, Günter: *Fahrzeugreifen und Fahrwerkentwicklung: Strategie, Methoden, Tools*. 1. Aufl. Wiesbaden: Vieweg+Teubner Verlag, 2009 (Praxis ATZ-MTZ Fachbuch). – OCLC: 300458910. – ISBN 978-3-8348-0671-0

[113] LIE, Anders; TINGVALL, Claes; KRAFFT, Maria; KULLGREN, Anders: The Effectiveness of Electronic Stability Control (ESC) in Reducing Real Life Crashes and Injuries. In: *Traffic Injury Prevention* 7 (2006), März, Nr. 1, S. 38–43. – URL https://www.tandfonline.com/doi/full/10.1080/15389580500346838. – Zugriffsdatum: 2020-02-17. – ISSN 1538-9588, 1538-957X

[114] LILLIEFORS, Hubert W.: On the Kolmogorov-Smirnov Test for Normality with Mean and Variance Unknown. In: *Journal of the American Statistical Association* 62 (1967), Juni, Nr. 318, S. 399–402. – URL http://www.tandfonline.com/doi/abs/10.1080/01621459.1967.10482916. – Zugriffsdatum: 2020-11-08. – ISSN 0162-1459, 1537-274X

[115] LUNZE, Jan: *Regelungstechnik 1*. Berlin, Heidelberg: Springer-Verlag, 2016. – URL http://link.springer.com/10.1007/978-3-662-52678-1. – Zugriffsdatum: 2019-11-18. – ISBN 978-3-662-52677-4 978-3-662-52678-1

[116] LUTZ, Albert; SCHICK, Bernhard; HOLZMANN, Henning; KOCHEM, Michael; MEYER-TUVE, Harald; LANGE, Olav; MAO, Yiqin; TOSOLIN, Guido: Simu-

lation methods supporting homologation of Electronic Stability Control in vehicle variants. In: *Vehicle System Dynamics* 55 (2017), Oktober, Nr. 10, S. 1432–1497. – URL https://www.tandfonline.com/doi/full/10.1080/00423114.2017.1322705. – Zugriffsdatum: 2019-11-18. – ISSN 0042-3114, 1744-5159

[117] MAIER, Patrick: *Entwicklung einer Methode zur Objektivierung der subjektiven Wahrnehmung von antriebsstrangerregten Fahrzeugschwingungen : Development of a method to predict discomfort by powertraininduced vehicle vibrations*, IPEK, Karlsruhe, PhD Thesis, 2012

[118] MAO, Yiqin; WIESSALLA, Johannes; MEIER, Jan; RISSE, Wolfgang; MATHOT, Guy; BLUM, Manfred: CAE Supported ESC Development/Release Process. In: SAE-CHINA (Hrsg.); FISITA (Hrsg.): *Proceedings of the FISITA 2012 World Automotive Congress* Bd. 195. Berlin, Heidelberg: Springer-Verlag, 2013, S. 267–275. – URL http://link.springer.com/10.1007/978-3-642-33835-9_25. – Zugriffsdatum: 2019-11-22. – ISBN 978-3-642-33834-2 978-3-642-33835-9

[119] MASHADI, Behrooz; MOSTAGHIMI, Hamid: Vehicle lift-off modelling and a new rollover detection criterion. In: *Vehicle System Dynamics* 55 (2017), Mai, Nr. 5, S. 704–724. – URL https://www.tandfonline.com/doi/full/10.1080/00423114.2016.1278076. – Zugriffsdatum: 2020-07-14. – ISSN 0042-3114, 1744-5159

[120] MAURER, Markus (Hrsg.); WINNER, Hermann (Hrsg.): *Automotive Systems Engineering*. Berlin, Heidelberg: Springer-Verlag, 2013. – URL http://link.springer.com/10.1007/978-3-642-36455-6. – Zugriffsdatum: 2019-11-22. – ISBN 978-3-642-36454-9 978-3-642-36455-6

[121] MCKINSEY & COMPANY: *Car data: paving the way to value-creating mobility*. 2006. – URL https://www.the-digital-insurer.com/wp-content/uploads/2016/05/704-mckinsey_car_data_march_2016.pdf

[122] MEHL, Horst: *Methoden verteilter Simulation*. Wiesbaden: Vieweg+Teubner Verlag, 1994. – URL http://link.springer.com/

10.1007/978-3-322-90609-0. – Zugriffsdatum: 2020-03-20. – ISBN 978-3-528-05439-7 978-3-322-90609-0

[123] MEHRJERDIAN, Eman; GREUL, Roland; GAEDKE, Alexander; BERTRAM, Torsten: Beurteilung unterschiedlicher Fahrertypen unter besonderer Berücksichtigung des Querdynamikverhaltens. In: VDI-GESELLSCHAFT FAHRZEUG- UND VERKEHRSTECHNIK (Hrsg.): *Der Fahrer im 21. Jahrhundert : Fahrer, Fahrerunterstützung und Bedienbarkeit ; 5. VDI-Tagung, Braunschweig, 4. und 5. November 2009.* Düsseldorf: VDI-Verl, 2009 (VDI-Berichte), S. 65–78. – Meeting Name: VDI-Tagung Fahrer im 21. Jahrhundert OCLC: 554109434. – ISBN 978-3-18-092085-6

[124] MEISSNER, Tim C.: *Verbesserung der Fahrzeugquerdynamik durch variable Antriebsmomentenverteilung.* Göttingen: Cuvillier Verlag, 2008. – URL https://public.ebookcentral.proquest.com/choice/ publicfullrecord.aspx?p=5021181. – Zugriffsdatum: 2020-06-02. – OCLC: 1003265661. – ISBN 978-3-7369-2602-8

[125] MEYER-TUVE, Harald: *Modellbasiertes Analysetool zur Bewertung der Fahrzeugquerdynamik anhand von objektiven Bewegungsgrößen.* 1. Aufl. München: Hut, 2008 (Fahrzeugtechnik). – OCLC: 317289210. – ISBN 978-3-89963-858-5

[126] MICHELENA, Nestor; KIM, Harrison; PAPALAMBROS, Panos: A System Partitioning And Optimization Approach To Target Cascading. (2000)

[127] MICHELENA, Nestor; PARK, Hyungju; PAPALAMBROS, Panos Y.: Convergence Properties of Analytical Target Cascading. In: *AIAA Journal* 41 (2003), Mai, Nr. 5, S. 897–905. – URL https://arc.aiaa.org/doi/ 10.2514/2.2025. – Zugriffsdatum: 2020-02-06. – ISSN 0001-1452, 1533-385X

[128] MIHAILESCU, Adrian: *Effiziente Umsetzung von Querdynamik-Zieleigenschaften durch Fahrdynamikregelsysteme,* RWTH Aachen, Dissertation, 2016. – ISBN: 9783946019053 OCLC: 1002280988

[129] MIHAILESCU, Adrian; SCHARFENBAUM, Ingo; SCHAAF, Uli; SCHIMMEL, Christian: Effiziente Fahrwerkapplikation mit Integralregler und virtuellen Methoden. In: *ATZ - Automobiltechnische Zeitschrift* 121 (2019),

März, Nr. 3, S. 44–49. – URL http://link.springer.com/10.1007/s35148-018-0238-6. – Zugriffsdatum: 2020-03-18. – ISSN 0001-2785, 2192-8800

[130] MITSCHKE, Manfred; WALLENTOWITZ, Henning: *Dynamik der Kraftfahrzeuge.* 5., überarb. und erg. Aufl. Wiesbaden: Springer Vieweg, 2014 (VDI-Buch). – OCLC: 902656254. – ISBN 978-3-658-05067-2 978-3-658-05068-9

[131] MONSMA, William: Application of Hardware In The Loop Simulation to Chassis Control Software Verification, URL https://www.sae.org/content/2009-01-0445/. – Zugriffsdatum: 2020-06-02, April 2009, S. 2009–01–0445

[132] MORAN, Kevin; FOLEY, Brendan; FASTENRATH, Ulrich; RAIMO, Jeff: Digital Maps, Connectivity and Electric Vehicles - Enhancing the EV/PHEV Ownership Experience. In: *SAE International Journal of Passenger Cars - Electronic and Electrical Systems* 3 (2010), Oktober, Nr. 2, S. 76–83. – URL https://www.sae.org/content/2010-01-2316/. – Zugriffsdatum: 2020-03-19. – ISSN 1946-4622

[133] MORRIS, Max D.: Factorial Sampling Plans for Preliminary Computational Experiments. In: *Technometrics* 33 (1991), Mai, Nr. 2, S. 161–174. – URL http://www.tandfonline.com/doi/abs/10.1080/00401706.1991.10484804. – Zugriffsdatum: 2019-11-18. – ISSN 0040-1706, 1537-2723

[134] MROZ, Thomas A.: The Sensitivity of an Empirical Model of Married Women's Hours of Work to Economic and Statistical Assumptions. In: *Econometrica* 55 (1987), Juli, Nr. 4, S. 765. – URL https://www.jstor.org/stable/1911029?origin=crossref. – Zugriffsdatum: 2020-02-19. – ISSN 00129682

[135] MÜLLER-BESSLER, Bernhard; HENZE, Roman; KÜÇÜKAY, Ferit: Reproduzierbare querdynamische Fahrzeugbewertung im doppelten Spurwechsel. In: *ATZ - Automobiltechnische Zeitschrift* 110 (2008), April, Nr. 4, S. 358–365. – URL http://link.springer.com/10.1007/BF03221975. – Zugriffsdatum: 2020-02-17. – ISSN 0001-2785, 2192-8800

[136] Mutz, Martin: *Eine durchgängige modellbasierte Entwurfsmethodik für eingebettete Systeme im Automobilbereich.* 1. Aufl. Göttingen: Cuvillier, 2005. – OCLC: 180895771. – ISBN 978-3-86537-684-8

[137] National Highway Traffic Safety Administration: *FMVSS No. 126 Electronic Stability Control Systems.* 2007. – URL https://www.nhtsa.gov/sites/nhtsa.dot.gov/files/fmvss/ESC_FRIA_%252003_2007.pdf

[138] National Highway Traffic Safety Administration: Statistical Analysis of the Effectiveness of Electronic Stability Control (ESC) Systems - Final Report. URL https://trid.trb.org/view/838850, 2007. – Forschungsbericht

[139] Nossent, Jiri; Elsen, Pieter; Bauwens, Willy: Sobol' sensitivity analysis of a complex environmental model. In: *Environmental Modelling & Software* 26 (2011), Dezember, Nr. 12, S. 1515–1525. – URL https://linkinghub.elsevier.com/retrieve/pii/S1364815211001939. – Zugriffsdatum: 2020-02-19. – ISSN 13648152

[140] Obermüller, Anton: *Modellbasierte Fahrzustandsschätzung zur Ansteuerung einer aktiven Hinterachskinematik.* München, Technische Universität München, Dissertation, 2012

[141] O'connor, Brian P.: SPSS and SAS programs for determining the number of components using parallel analysis and Velicer's MAP test. In: *Behavior Research Methods, Instruments, & Computers* 32 (2000), September, Nr. 3, S. 396–402. – URL http://link.springer.com/10.3758/BF03200807. – Zugriffsdatum: 2020-01-10. – ISSN 0743-3808, 1532-5970

[142] Pacejka, Hans B.; Besselink, Igo: *Tire and vehicle dynamics.* 3. ed. Amsterdam: Elsevier/Butterworth-Heinemann, 2012 (Engineering Automotive engineering). – OCLC: 796260687. – ISBN 978-0-08-097016-5

[143] Paul Fletcher, Minister for Urban Infrastructure: *Vehicle Standard (Australian Design Rule 88/00 - Electronic Stability Control (ESC)*

Systems) 2017. 2017. – URL https://www.legislation.gov.au/Details/F2017L01229

[144] PERRET, Jens K.: *Arbeitsbuch zur Statistik für Wirtschafts- und Sozialwissenschaftler: Theorie, Aufgaben und Lösungen*. Wiesbaden: Springer Fachmedien, 2019. – URL http://link.springer.com/10.1007/978-3-658-26148-1. – Zugriffsdatum: 2020-01-18. – ISBN 978-3-658-26147-4 978-3-658-26148-1

[145] PETERMANN, Franz: Bühner, M. (2006). Einführung in die Test- und Fragebogenkonstruktion. In: *Zeitschrift für Psychiatrie, Psychologie und Psychotherapie* 57 (2009), Juli, Nr. 3, S. 227–228. – URL https://econtent.hogrefe.com/doi/10.1024/1661-4747.57.3.227. – Zugriffsdatum: 2020-06-07. – ISSN 1661-4747, 1664-2929

[146] PETERSEN, Erwin; NEUHAUS, Detlev; GLÄBE, Klaus; KOSCHOREK, Ralf; REICH, Thomas: Vehicle Stability Control for Trucks and Buses, URL https://www.sae.org/content/982782/. – Zugriffsdatum: 2020-06-02, November 1998, S. 982782

[147] PFEFFER, Peter (Hrsg.); HARRER, Manfred (Hrsg.): *Lenkungshandbuch: Lenksysteme, Lenkgefühl, Fahrdynamik von Kraftfahrzeugen ; mit 35 Tabellen*. 2., überarb. und erg. Aufl. Wiesbaden: Springer Vieweg, 2013 (ATZ / MTZ-Fachbuch). – OCLC: 859640978. – ISBN 978-3-658-00976-2 978-3-658-00977-9

[148] PISCHINGER, Stefan (Hrsg.); SEIFFERT, Ulrich (Hrsg.): *Vieweg Handbuch Kraftfahrzeugtechnik*. 8., aktualisierte und erweiterte Auflage. Wiesbaden: Springer Vieweg, 2016 (ATZ/MTZ-Fachbuch). – OCLC: 951122229. – ISBN 978-3-658-09527-7 978-3-658-09528-4

[149] POHL, Klaus (Hrsg.); BROY, Manfred (Hrsg.); DAEMBKES, Heinrich (Hrsg.); HÖNNINGER, Harald (Hrsg.): *Advanced Model-Based Engineering of Embedded Systems*. Cham: Springer International Publishing, 2016. – URL http://link.springer.com/10.1007/978-3-319-48003-9. – Zugriffsdatum: 2020-07-12. – ISBN 978-3-319-48002-2 978-3-319-48003-9

[150] PRENNINGER, Klaus; HIRSCHBERG, Wolfgang; VOLKWEIN, Stefan: Ein neuer Ansatz in der objektiven Fahrdynamikbeurteilung. In: *VDI-Berichte* Bd. 1900. Deutschland: Springer-VDI-Verlag GmbH & Co.KG, 2007, S. 359–374. – ISBN 978-3-18-091990-4

[151] PRUSCHA, Helmut: *Statistisches Methodenbuch: Verfahren, Fallstudien, Programmcodes*. Berlin: Springer-Verlag, 2006 (Statistik und ihre Anwendungen). – OCLC: 254564106. – ISBN 978-3-540-26006-6

[152] PUENTE LEÓN, Fernando: *Messtechnik: Grundlagen, Methoden und Anwendungen*. Berlin, Heidelberg: Springer-Verlag, 2019. – URL http://link.springer.com/10.1007/978-3-662-59767-5. – Zugriffsdatum: 2020-02-21. – ISBN 978-3-662-59766-8 978-3-662-59767-5

[153] RASCH, Björn (Hrsg.): *Quantitative Methoden: Einführung in die Statistik*. Bd. 1. 2., erw. Aufl., korrigierter Nachdr. Heidelberg: Springer-Verlag, 2006 (Springer-Lehrbuch Bachelor). – OCLC: 315812585. – ISBN 978-3-540-33307-4

[154] REDLICH, Peter: *Objektive und subjektive Beurteilung aktiver Vierradlenkstrategien*. Aachen: Shaker, 1994 (Berichte aus der Fahrzeugtechnik). – OCLC: 75479698. – ISBN 978-3-8265-0043-5

[155] REIF, Konrad: *Automobilelektronik: Eine Einführung für Ingenieure*. Wiesbaden: Springer Fachmedien, 2014. – URL http://link.springer.com/10.1007/978-3-658-05048-1. – Zugriffsdatum: 2020-02-06. – ISBN 978-3-658-05047-4 978-3-658-05048-1

[156] REISER, Christian; ZELLBECK, Hans; HÄRTLE, Christian; KLAISS, Thomas: Kundenfahrverhalten im Fokus der Fahrzeugentwicklung. In: *ATZ - Automobiltechnische Zeitschrift* 110 (2008), Juli, Nr. 7-8, S. 684–692. – URL http://link.springer.com/10.1007/BF03222003. – Zugriffsdatum: 2020-06-09. – ISSN 0001-2785, 2192-8800

[157] RIEDEL, Andreas; ARBINGER, Roland: Subjektive und objektive Beurteilung des Fahrverhaltens von Pkw / Forschungsvereinigung Automobiltechnik e.V. (FAT). Berlin, Frankfurt am Main, 1997 (FAT-Schriftenreihe). – Forschungsbericht

[158] RIESSINGER, Thomas: *Mathematik für Ingenieure.* Berlin, Heidelberg: Springer-Verlag, 1996 (Springer-Lehrbuch). – URL http://link.springer.com/10.1007/978-3-662-08558-5. – Zugriffsdatum: 2020-01-15. – ISBN 978-3-540-65956-3 978-3-662-08558-5

[159] RILL, Georg: *Simulation von Kraftfahrzeugen.* Braunschweig: Vieweg+Teuber Verlag, 1994 (Grundlagen und Fortschritte der Ingenieurwissenschaften). – OCLC: 35536054. – ISBN 978-3-528-08931-3

[160] ROMPE, Klaus; HEISSING, Bernd: *Objektive Testverfahren für die Fahreigenschaften von Kraftfahrzeugen: Quer- und Längsdynamik; Erfahrungsbericht aus dem Institut für Verkehrssicherheit des TÜV Rheinland e.V., Köln.* Köln: Verlag TÜV Rheinland, 1984 (Fahrzeugtechnische Schriftenreihe). – OCLC: 29252467. – ISBN 978-3-88585-131-8

[161] ROOCH, Aeneas: *Statistik für Ingenieure: Wahrscheinlichkeitsrechnung und Datenauswertung endlich verständlich ; [Beispielaufgaben mit ausführlichen Lösungen].* Berlin: Springer Spektrum, 2014 (Springer-Lehrbuch). – OCLC: 891054558. – ISBN 978-3-642-54856-7 978-3-642-54857-4

[162] RÖSSLER, Irene; UNGERER, Albrecht: *Statistik für Wirtschaftswissenschaftler: Eine anwendungsorientierte Darstellung.* Berlin, Heidelberg: Springer-Verlag, 2019 (BA KOMPAKT). – URL http://link.springer.com/10.1007/978-3-662-60342-0. – Zugriffsdatum: 2019-11-25. – ISBN 978-3-662-60341-3 978-3-662-60342-0

[163] SALTELLI, A.; ANDRES, T.H.; HOMMA, T.: Sensitivity analysis of model output. Performance of the iterated fractional factorial design method. In: *Computational Statistics & Data Analysis* 20 (1995), Oktober, Nr. 4, S. 387–407. – URL https://linkinghub.elsevier.com/retrieve/pii/016794739592843M. – Zugriffsdatum: 2020-03-04. – ISSN 01679473

[164] SALTELLI, Andrea (Hrsg.): *Sensitivity analysis.* Reprinted. Chichester: Wiley, 2004 (Wiley series in probability and statistics). – OCLC: 179877125. – ISBN 978-0-471-99892-1

[165] Saltelli, Andrea; Annoni, Paola; Azzini, Ivano; Campolongo, Francesca; Ratto, Marco; Tarantola, Stefano: Variance based sensitivity analysis of model output. Design and estimator for the total sensitivity index. In: *Computer Physics Communications* 181 (2010), Februar, Nr. 2, S. 259–270. – URL https://linkinghub.elsevier.com/retrieve/pii/S0010465509003087. – Zugriffsdatum: 2020-05-27. – ISSN 00104655

[166] Saltelli, Andrea; Ratto, Marco; Andres, Terry; Campolongo, Francesca; Cariboni, Jessica; Gatelli, Debora; Saisana, Michaela; Tarantola, Stefano: *Global Sensitivity Analysis. The Primer*. Chichester, UK: John Wiley & Sons, Ltd, Dezember 2007. – URL http://doi.wiley.com/10.1002/9780470725184. – Zugriffsdatum: 2019-11-18. – ISBN 978-0-470-72518-4 978-0-470-05997-5

[167] Saltelli, Andrea; Ratto, Marco; Tarantola, Stefano; Campolongo, Francesca: Sensitivity Analysis for Chemical Models. In: *Chemical Reviews* 105 (2005), Juli, Nr. 7, S. 2811–2828. – URL https://pubs.acs.org/doi/10.1021/cr040659d. – Zugriffsdatum: 2020-02-19. – ISSN 0009-2665, 1520-6890

[168] Saltelli, Andrea; Tarantola, Stefano; Campolongo, Francesca; Ratto, Marco: *Sensitivity Analysis in Practice*. Chichester, UK: John Wiley & Sons, Ltd, Februar 2002. – URL http://doi.wiley.com/10.1002/0470870958. – Zugriffsdatum: 2019-11-18. – ISBN 978-0-470-87093-8 978-0-470-87095-2

[169] Sarrazin, Fanny; Pianosi, Francesca; Wagener, Thorsten: Global Sensitivity Analysis of environmental models: Convergence and validation. In: *Environmental Modelling & Software* 79 (2016), Mai, S. 135–152. – URL https://linkinghub.elsevier.com/retrieve/pii/S1364815216300251. – Zugriffsdatum: 2020-02-19. – ISSN 13648152

[170] Savaresi, Sergio M.; Tanelli, Mara: *Active braking control systems design for vehicles*. London, Dordrecht, Heidelberg, New York: Springer-Verlag, 2010 (Advances in industrial control). – OCLC: 700291283. – ISBN 978-1-84996-349-7 978-1-84996-350-3

[171] SCHÄFER, Heinz (Hrsg.); TECHNIK, Haus der (Hrsg.): *Elektrische Antriebstechnologie für Hybrid- und Elektrofahrzeuge: das kostenoptimale elektrische Antriebssystem, mitentscheidend für den Markterfolg ; [Veranstaltung ; Themenband]mit 37 Tabellen. -.* Renningen: expert-Verl, 2014 (Fachbuch / Haus der Technik 131). – OCLC: 931464429. – ISBN 978-3-8169-3239-0

[172] SCHARFENBAUM, Ingo: *Funktionale Grundauslegung von Fahrwerkregelsystemen in der frühen Entwicklungsphase.* 1. Auflage. Göttingen: Cuvillier Verlag, 2016 (Schriftenreihe des Lehrstuhls Kraftfahrzeugtechnik Band 1). – OCLC: 956514015. – ISBN 978-3-7369-9312-9

[173] SCHIMMEL, Christian: *Entwicklung eines fahrerbasierten Werkzeugs zur Objektivierung subjektiver Fahreindrücke,* Universitätsbibliothek der TU München, Dissertation, 2010

[174] SCHINDLER, Erich: *Fahrdynamik: Grundlagen des Lenkverhaltens und ihre Anwendung für Fahrzeugregelsysteme.* Renningen: expert-Verl, 2007 (Kontakt & Studium 685). – OCLC: 180045980. – ISBN 978-3-8169-2658-0

[175] SCHNEIDER, Kathrin: *Modernes Sourcing in der Automobilindustrie.* Wiesbaden: Gabler Verlag / Springer Fachmedien, 2011. – URL https://doi.org/10.1007/978-3-8349-6524-0. – Zugriffsdatum: 2020-08-01. – OCLC: 723267424. – ISBN 978-3-8349-6524-0

[176] SCHRAMM, Dieter; HILLER, Manfred; BARDINI, Roberto: *Modellbildung und Simulation der Dynamik von Kraftfahrzeugen.* Berlin, Heidelberg: Springer-Verlag, 2018. – URL http://link.springer.com/ 10.1007/978-3-662-54481-5. – Zugriffsdatum: 2020-01-23. – ISBN 978-3-662-54480-8 978-3-662-54481-5

[177] SCHWIEGER, Volker: *Nicht-lineare Sensitivitätsanalyse gezeigt an Beispielen zu bewegten Objekten.* München: Beck, 2005 (Deutsche Geodätische Kommission bei der Bayerischen Akademie der Wissenschaften Reihe C, Dissertationen 581). – OCLC: 255032647. – ISBN 978-3-7696-5020-4

[178] Seiffert, Ulrich (Hrsg.); Rainer, Gotthard (Hrsg.): *Virtuelle Produktentstehung für Fahrzeug und Antrieb im Kfz*. Wiesbaden: Vieweg+Teubner, 2008. – URL http://link.springer.com/10.1007/978-3-8348-9479-3. – Zugriffsdatum: 2019-11-18. – ISBN 978-3-8348-0345-0 978-3-8348-9479-3

[179] Siebertz, Karl; van Bebber, David; Hochkirchen, Thomas: *Statistische Versuchsplanung: Design of Experiments (DoE)*. Berlin: Springer-Verlag, 2010 (VDI-[Buch]). – OCLC: 845650435. – ISBN 978-3-642-05492-1 978-3-642-05493-8

[180] Simmermacher, Daniel: *Objektive Beherrschbarkeit von Gierstörungen in Bremsmanövern*. Als Ms. gedr. Düsseldorf: VDI-Verl, 2013 (Fortschritt-Berichte VDI Reihe 12, Verkehrstechnik, Fahrzeugtechnik 771). – OCLC: 931429284. – ISBN 978-3-18-377112-7

[181] Stewart, David W.: The Application and Misapplication of Factor Analysis in Marketing Research. In: *Journal of Marketing Research* 18 (1981), Februar, Nr. 1, S. 51. – URL https://www.jstor.org/stable/3151313?origin=crossref. – Zugriffsdatum: 2020-01-09. – ISSN 00222437

[182] Svenson, Alrik L.; Grygier, Paul A.; Salaani, M. K.; Heydinger, Gary J.: Validation of Hardware in the Loop (HIL) Simulation for Use in Heavy Truck Stability Control System Effectiveness Research. In: *Proceedings of the 21st (ESV) International Technical Conference on the Enhanced Safety of Vehicles*. Stuttgart, Juni 2009

[183] Svenson, Alrik L.; Haċ, Aleksander: Influence of Chassis Control Systems on Vehicle Handling and Rollover Stability. In: *Proceedings - 19th International Technical Conference on the Enhanced Safety of Vehicles (ESV)*. Washington DC, 2005

[184] Trautmann, Toralf: *Grundlagen der Fahrzeugmechatronik*. Wiesbaden: Vieweg+Teubner, 2009. – URL http://link.springer.com/10.1007/978-3-8348-9573-8. – Zugriffsdatum: 2019-11-18. – ISBN 978-3-8348-0387-0 978-3-8348-9573-8

[185] TROCINE, L.; MALONE, L.C.: Finding important independent variables through screening designs: a comparison of methods. In: *2000 Winter Simulation Conference Proceedings (Cat. No.00CH37165)* Bd. 1. Orlando, FL, USA: IEEE, 2000, S. 749–754. – URL http://ieeexplore.ieee.org/document/899789/. – Zugriffsdatum: 2020-02-05. – ISBN 978-0-7803-6579-7

[186] TRZESNIOWSKI, Michael: *Handbuch Rennwagentechnik: Fahrwerk.* Wiesbaden: Springer Vieweg, 2017. – OCLC: 972165280. – ISBN 978-3-658-15544-5 978-3-658-15545-2

[187] TSCHÖKE, Helmut (Hrsg.); GUTZMER, Peter (Hrsg.); PFUND, Thomas (Hrsg.): *Elektrifizierung des Antriebsstrangs: Grundlagen - vom Mikro-Hybrid zum vollelektrischen Antrieb.* Berlin, Heidelberg: Springer-Verlag, 2019. – URL http://link.springer.com/10.1007/978-3-662-60356-7. – Zugriffsdatum: 2020-03-19. – ISBN 978-3-662-60355-0 978-3-662-60356-7

[188] TUMASOV, A.V.; VASHURIN, A.S.; TRUSOV, Y.P.; TOROPOV, E.I.; MOSHKOV, P.S.; KRYASKOV, V.S.; VASILYEV, A.S.: The Application of Hardware-in-the-Loop (HIL) Simulation for Evaluation of Active Safety of Vehicles Equipped with Electronic Stability Control (ESC) Systems. In: *Procedia Computer Science* 150 (2019), S. 309–315. – URL https://linkinghub.elsevier.com/retrieve/pii/S187705091930403X. – Zugriffsdatum: 2020-06-02. – ISSN 18770509

[189] UNITED NATIONS ECONOMIC COMMISSION FOR EUROPE: *Regulation No. 13-H.* 2014

[190] VEREIN DEUTSCHER INGENIEURE: *VDI 2206:2004-06, Entwicklungsmethodik für mechatronische Systeme.* 2004

[191] VIEHOF, Michael: *Objektive Qualitätsbewertung von Fahrdynamiksimulationen durch statistische Validierung.* Darmstadt, Technische Universität, PhD Thesis, 2018. – URL http://tuprints.ulb.tu-darmstadt.de/7457/

[192] VIEHOF, Michael; WINNER, Hermann: *Stand der Technik und der Wissenschaft: Modellvalidierung im Anwendungsbereich der Fahrdynamik-*

simulation. Darmstadt, 2017. – URL http://tuprints.ulb.tu-darmstadt.de/6662/

[193] VIETINGHOFF, Anne v.: *Nichtlineare Regelung von Kraftfahrzeugen in querdynamisch kritischen Fahrsituationen.* Karlsruhe: Univ.-Verl. Karlsruhe, 2008. – OCLC: 254419260. – ISBN 978-3-86644-223-8

[194] WAGEMANN, Claudius (Hrsg.); GOERRES, Achim (Hrsg.); SIEWERT, Markus (Hrsg.): *Handbuch Methoden der Politikwissenschaft.* Wiesbaden: Springer Fachmedien, 2020 (Springer Reference Sozialwissenschaften). – URL http://link.springer.com/10.1007/978-3-658-16937-4. – Zugriffsdatum: 2020-06-05. – ISBN 978-3-658-16937-4

[195] WAGNER, Andreas: Potentials of virtual chassis development. In: BARGENDE, Michael (Hrsg.); REUSS, Hans-Christian (Hrsg.); WIEDEMANN, Jochen (Hrsg.): *14. Internationales Stuttgarter Symposium.* Wiesbaden: Springer Fachmedien, 2014, S. 535–547. – URL http://link.springer.com/10.1007/978-3-658-05130-3_37. – Zugriffsdatum: 2019-11-18. – ISBN 978-3-658-05129-7 978-3-658-05130-3

[196] WAGNER, Andreas; VAN PUTTEN, Sebastiaan: Audi chassis development – Attribute based component design. In: BARGENDE, Michael (Hrsg.); REUSS, Hans-Christian (Hrsg.); WIEDEMANN, Jochen (Hrsg.): *17. Internationales Stuttgarter Symposium.* Wiesbaden: Springer Fachmedien, 2017, S. 1093–1105. – URL http://link.springer.com/10.1007/978-3-658-16988-6_83. – Zugriffsdatum: 2020-02-25. – ISBN 978-3-658-16987-9 978-3-658-16988-6

[197] WAGNER, J.: Automotive game-changers and their challenges from a chassis perspective. In: BARGENDE, Michael (Hrsg.); REUSS, Hans-Christian (Hrsg.); WIEDEMANN, Jochen (Hrsg.): *16. Internationales Stuttgarter Symposium.* Wiesbaden: Springer Fachmedien, 2016, S. 1419–1435. – URL http://link.springer.com/10.1007/978-3-658-13255-2_104. – Zugriffsdatum: 2020-02-25. – ISBN 978-3-658-13254-5 978-3-658-13255-2

[198] WAGNER, Steffen: *Drehpunktbezogene Regelung aktiver Lenksysteme.* Göttingen: Cuvillier Verlag, 2018. – URL

https://public.ebookcentral.proquest.com/choice/
publicfullrecord.aspx?p=5484698. – Zugriffsdatum: 2020-04-20.
– OCLC: 1048797065. – ISBN 978-3-7369-8836-1

[199] WALDEN, David D.; ROEDLER, Garry J.; FORSBERG, Kevin; HAMELIN, R. D.;
SHORTELL, Thomas M.; KAFFENBERGER, Rüdiger (Hrsg.): *INCOSE Systems Engineering Handbuch: ein Leitfaden für Systemlebenszyklus-Prozesse und -Aktivitäten: INCOSE-TP-2003-002-04 2015.* Deutsche Übersetzung der vierten Ausgabe. München: GfSE e.V, 2017. – ISBN 978-3-9818805-0-2

[200] WEBER, Julian: *Automotive Development Processes.* Berlin, Heidelberg: Springer-Verlag, 2009. – URL http://link.springer.com/10.1007/978-3-642-01253-2. – Zugriffsdatum: 2020-02-06. – ISBN 978-3-642-01252-5 978-3-642-01253-2

[201] WEY, Torsten; WEIMANN, Ulla; ESSER, Frank: Methoden und Kriterien zur objektiven Beurteilung der Sicherheit von Fahrstabilitätssystemen. München, 2004

[202] WINNER, Hermann (Hrsg.); HAKULI, Stephan (Hrsg.); LOTZ, Felix (Hrsg.); SINGER, Christina (Hrsg.): *Handbuch Fahrerassistenzsysteme: Grundlagen, Komponenten und Systeme für aktive Sicherheit und Komfort.* Wiesbaden: Springer Fachmedien, 2015. – URL http://link.springer.com/10.1007/978-3-658-05734-3. – Zugriffsdatum: 2019-11-22. – ISBN 978-3-658-05733-6 978-3-658-05734-3

[203] WINNER, Hermann (Hrsg.); PROKOP, Günther (Hrsg.); MAURER, Markus (Hrsg.): *Automotive Systems Engineering II.* Cham: Springer International Publishing, 2018. – URL http://link.springer.com/10.1007/978-3-319-61607-0. – Zugriffsdatum: 2019-11-22. – ISBN 978-3-319-61605-6 978-3-319-61607-0

[204] WIRTZ, Markus A.; NACHTIGALL, Christof; WIRTZ, Markus: *Deskriptive Statistik.* 5., überarb. Aufl. Weinheim: Juventa-Verl, 2008 (Statistische Methoden für Psychologen Markus Wirtz; Christof Nachtigall ; Teil 1). – OCLC: 299954568. – ISBN 978-3-7799-1051-0

[205] WOLF, Christof (Hrsg.); BEST, Henning (Hrsg.): *Handbuch der sozialwissenschaftlichen Datenanalyse*. 1. Auflage. Wiesbaden: VS, Verlag für Sozialwissenschaften, 2010. – OCLC: 659757301. – ISBN 978-3-531-16339-0 978-3-531-92038-2

[206] WURSTER, Uwe; ORTLECHNER, Michael; SCHICK, Bernhard; DRENTH, Edo; CRAWLEY, Jim: First ECE 13/11 homologation of electronic stability control (ESC) by vehicle dynamics simulation – challenges, innovations and benefits. In: *Proceedings - Chassis.tech Plus : 1st International Munich Chassis Symposium*. Wiesbaden: Vieweg+Teubner Verlag, Juni 2010, S. 127–149

[207] ZHU, Bing; PIAO, Qi; ZHAO, Jian; GUO, Litong: Integrated chassis control for vehicle rollover prevention with neural network time-to-rollover warning metrics. In: *Advances in Mechanical Engineering* 8 (2016), Februar, Nr. 2, S. 168781401663267. – URL http://journals.sagepub.com/doi/10.1177/1687814016632679. – Zugriffsdatum: 2020-07-14. – ISSN 1687-8140, 1687-8140

[208] ZIEGLER, Marc: Die Elektrifizierung schreitet voran. In: *MTZ - Motortechnische Zeitschrift* 80 (2019), Mai, Nr. 5, S. 6–7. – URL http://link.springer.com/10.1007/s35146-019-0047-9. – Zugriffsdatum: 2020-03-19. – ISSN 0024-8525, 2192-8843

Anhang

A.1 Subjektivbewertungsbogen

Der in Kapitel 4.1.3 beschriebene Bewertungsbogen zur subjektiven Bewertung des Fahrzeugverhaltens ist in Abbildung A1.1 dargestellt.

Anlenkphase

Lenkung

Notwendiger
Lenkaufwand   schlecht ☐☐☐☐☐☐☐☐☐ ausgezeichnet

Gierneigung

Reaktion   schlecht ☐☐☐☐☐☐☐☐☐ ausgezeichnet

**Agilisierungs-
eingriff**

Stärke des Eingriffs schlecht ☐☐☐☐☐☐☐☐☐ ausgezeichnet

Dynamikphase

Lenkung

Notwendiger
Lenkaufwand   schlecht ☐☐☐☐☐☐☐☐☐ ausgezeichnet

Fahrzeugdynamik

Ausprägung
Gegenschlag   schlecht ☐☐☐☐☐☐☐☐☐ ausgezeichnet

Betrag
Querstehen   schlecht ☐☐☐☐☐☐☐☐☐ ausgezeichnet

Dauer
Querstehen   schlecht ☐☐☐☐☐☐☐☐☐ ausgezeichnet

**Stabilisierungs-
eingriff**

Stärke des Eingriffs schlecht ☐☐☐☐☐☐☐☐☐ ausgezeichnet

Dauer des Eingriffs   schlecht ☐☐☐☐☐☐☐☐☐ ausgezeichnet

**Sonstige
Auffälligkeiten**

Abbildung A1.1: Bewertungsbogen der subjektiven Bewertung des Fahrmanövers einfacher Spurwechsel

A.2 Betrachtete Fahrzeugparameter

Tabelle A2.1 zeigt die in Kapitel 5.2 untersuchten statischen Fahrzeugparameter. Dabei ist der Parameter mitsamt den verwendeten Skalierungsfaktoren als minimaler und maximaler Wert beschrieben. Die Achspolynome sind dabei nicht in Textform beschrieben, da dies den Rahmen der Tabelle sprengen würde. Aus diesem Grund werden die verwendeten Symbole nachfolgend eingeführt. Die Größen x, y und z stehen für die Verschiebungen in die Richtung der gleichnamigen Achsen gemäß ISO 8855 [48]. Die Größe δ beschreibt den Radlenkwinkel, γ den Sturzwinkel, σ die Spreizung, r_σ den Lenkrollradius, n_N die Nachlaufstrecke und q den Radlasthebelarm. Die Indizes gehorchen dem folgenden Schema. Die Abkürzung Beid steht für beidseitig, Beschl für Beschleunigung, Brems für Bremsung, Ein für einseitig, Gleich für gleichseitig und Wechsel für wechselseitig. Die Achsen hinten und vorn werden über die Indizes HA und VA beschrieben. Die Größen F und M beschreiben die Kraft bzw. das Moment.

Tabelle A2.1: Übersicht der für die Sensitivitätsanalyse zu untersuchenden Parameterumfänge und ihr Variationsbereich

Kategorie	Parameter	Min	Max
Bremse	Bremsenverstärkung hinten $c_{p,\mathrm{HA}}$	0,73	1,40
Bremse	Bremsenverstärkung vorn $c_{p,\mathrm{VA}}$	1,00	1,59
Dämpfer	Dämpferübersetzung hinten $i_{\mathrm{D,HA}}$	0,95	1,05
Dämpfer	Dämpferübersetzung vorn $i_{\mathrm{D,VA}}$	0,95	1,05
Dämpfer	Dämpferstrom i_D	0,40	1,40
Federung	Schwingzahl SZ	0,91	1,09
Geometrie	Abstand Dachlast Schwerpunkt $d_{\mathrm{Dach,SP}}$	0,92	1,01
Geometrie	Radstand l	1,00	1,04
Geometrie	Spurweite Hinterachse s_{HA}	0,95	1,05
Geometrie	Spurweite Vorderachse s_{VA}	0,95	1,05
Geometrie	Trimmlage d_{Trimm}	0,00	1,00
Lenkung	Skalierung Lenkübersetzung k_{Lenk}	0,95	1,05
Lenkung	$\left.\frac{\partial \gamma}{\partial \delta}\right|_{\mathrm{VA}}$	0,95	1,05
Lenkung	$\left.\frac{\partial \gamma}{\partial \delta_\mathrm{L}}\right|_{\mathrm{VA}}$	0,95	1,05

Lenkung	$\frac{\partial x}{\partial \delta}\Big|_{\text{VA}}$	0,95	1,05
Lenkung	$\frac{\partial y}{\partial \delta}\Big|_{\text{VA}}$	0,95	1,05
Lenkung	$\frac{\partial z}{\partial \delta}\Big|_{\text{VA}}$	0,95	1,05
Lenkung	$\frac{\partial n_N}{\partial \delta}\Big|_{\text{VA}}$	0,95	1,05
Lenkung	$\frac{\partial q}{\partial \delta}\Big|_{\text{VA}}$	0,95	1,05
Lenkung	$\frac{\partial r_\sigma}{\partial \delta}\Big|_{\text{VA}}$	0,95	1,05
Lenkung	$\frac{\partial \sigma}{\partial \delta}\Big|_{\text{VA}}$	0,95	1,05
Radaufhängung	$\frac{\partial \gamma}{\partial F_y}\Big|_{\text{Beid,HA}}$	0,92	1,08
Radaufhängung	$\frac{\partial \gamma}{\partial F_y}\Big|_{\text{Beid,VA}}$	0,95	1,05
Radaufhängung	$\frac{\partial \gamma}{\partial F_y}\Big|_{\text{Ein,HA}}$	0,95	1,05
Radaufhängung	$\frac{\partial \gamma}{\partial F_y}\Big|_{\text{Ein,VA}}$	0,95	1,05
Radaufhängung	$\frac{\partial \gamma}{\partial F_z}\Big|_{\text{Gleich,HA}}$	0,95	1,05
Radaufhängung	$\frac{\partial \gamma}{\partial F_z}\Big|_{\text{Gleich,VA}}$	0,95	1,05
Radaufhängung	$\frac{\partial \gamma}{\partial F_z}\Big|_{\text{Wechsel,HA}}$	0,95	1,05
Radaufhängung	$\frac{\partial \gamma}{\partial F_z}\Big|_{\text{Wechsel,VA}}$	0,95	1,05
Radaufhängung	$\frac{\partial \delta}{\partial F_x}\Big|_{\text{Beschl,HA}}$	0,76	1,24
Radaufhängung	$\frac{\partial \delta}{\partial F_x}\Big|_{\text{Beschl,VA}}$	0,95	1,05
Radaufhängung	$\frac{\partial \delta}{\partial F_x}\Big|_{\text{Brems,HA}}$	0,58	1,42
Radaufhängung	$\frac{\partial \delta}{\partial F_x}\Big|_{\text{Brems,VA}}$	0,88	1,12
Radaufhängung	$\frac{\partial \delta}{\partial F_y}\Big|_{\text{Beid,HA}}$	0,95	1,05
Radaufhängung	$\frac{\partial \delta}{\partial F_y}\Big|_{\text{Beid,VA}}$	0,95	1,05
Radaufhängung	$\frac{\partial \delta}{\partial F_y}\Big|_{\text{Ein,HA}}$	0,94	1,06
Radaufhängung	$\frac{\partial \delta}{\partial F_y}\Big|_{\text{Eins,VA}}$	0,75	1,25
Radaufhängung	$\frac{\partial \delta}{\partial M_z}\Big|_{\text{Beid,HA}}$	0,94	1,06
Radaufhängung	$\frac{\partial \delta}{\partial M_z}\Big|_{\text{Beid,VA}}$	0,95	1,05
Radaufhängung	$\frac{\partial \delta}{\partial M_z}\Big|_{\text{Ein,HA}}$	0,89	1,11

Radaufhängung	$\frac{\partial \delta}{\partial M_z}\big|_{\text{Ein,VA}}$	0,94	1,06
Radaufhängung	$\frac{\partial \delta}{\partial z}\big|_{\text{Gleich,HA}}$	0,94	1,06
Radaufhängung	$\frac{\partial \delta}{\partial z}\big|_{\text{Gleich,VA}}$	0,95	1,05
Radaufhängung	$\frac{\partial \delta}{\partial z}\big|_{\text{Wechsel,HA}}$	0,95	1,05
Radaufhängung	$\frac{\partial \delta}{\partial z}\big|_{\text{Wechsel,VA}}$	0,85	1,15
Radaufhängung	$\frac{\partial x}{\partial F_x}\big|_{\text{Beschl,HA}}$	0,95	1,05
Radaufhängung	$\frac{\partial x}{\partial F_x}\big|_{\text{Beschl,VA}}$	0,95	1,05
Radaufhängung	$\frac{\partial x}{\partial F_x}\big|_{\text{Brems,HA}}$	0,95	1,05
Radaufhängung	$\frac{\partial x}{\partial F_x}\big|_{\text{Brems,VA}}$	0,95	1,05
Radaufhängung	$\frac{\partial x}{\partial z}\big|_{\text{Gleich,HA}}$	0,95	1,05
Radaufhängung	$\frac{\partial x}{\partial z}\big|_{\text{Gleich,VA}}$	0,71	1,29
Radaufhängung	$\frac{\partial x}{\partial F_y}\big|_{\text{Beid,HA}}$	0,95	1,05
Radaufhängung	$\frac{\partial x}{\partial F_y}\big|_{\text{Beid,VA}}$	0,89	1,11
Radaufhängung	$\frac{\partial y}{\partial z}\big|_{\text{Gleich,HA}}$	0,95	1,05
Radaufhängung	$\frac{\partial y}{\partial z}\big|_{\text{Gleich,VA}}$	0,82	1,18
Radaufhängung	$\frac{\partial \Delta z_{WA}}{\partial z}\big|_{\text{Gleich,HA}}$	0,82	1,18
Radaufhängung	$\frac{\partial \Delta z_{WA}}{\partial z}\big|_{\text{Gleich,VA}}$	0,82	1,18
Radaufhängung	$\frac{\partial \Delta y_{WA}}{\partial z}\big|_{\text{Wechsel,HA}}$	0,82	1,18
Radaufhängung	$\frac{\partial \Delta y_{WA}}{\partial z}\big|_{\text{Wechsel,VA}}$	0,82	1,18
Radaufhängung	$\frac{\partial \Delta z_{WA}}{\partial z}\big|_{\text{Wechsel,HA}}$	0,82	1,18
Radaufhängung	$\frac{\partial \Delta z_{WA}}{\partial z}\big|_{\text{Wechsel,VA}}$	0,82	1,18
Radaufhängung	Spureinstellung Hinterachse $\Delta \delta_{0,\text{HA}}$	0,56	1,67
Radaufhängung	Spureinstellung Vorderachse $\Delta \delta_{0,\text{VA}}$	0,43	1,30
Radaufhängung	Sturzeinstellung Hinterachse $\Delta \gamma_{0,\text{HA}}$	0,65	1,57
Radaufhängung	Sturzeinstellung Vorderachse $\Delta \gamma_{0,\text{VA}}$	0,49	1,33
Reifen	Reibwert in x-Richtung hinten $\mu_{x,\text{HA}}$	0,98	1,10
Reifen	Reibwert in x-Richtung vorn $\mu_{x,\text{VA}}$	0,98	1,10
Reifen	Reibwert in y-Richtung hinten $\mu_{y,\text{HA}}$	0,98	1,10
Reifen	Reibwert in y-Richtung vorn $\mu_{y,\text{VA}}$	0,98	1,10
Reifen	Relaxationslänge hinten σ_{HA}	0,90	1,10

Reifen	Relaxationslänge vorn σ_{VA}	0,90	1,10
Reifen	Schräglaufsteifigkeit hinten $c_{\alpha,HA}$	0,97	1,30
Reifen	Schräglaufsteifigkeit vorn $c_{\alpha,VA}$	0,97	1,30
Trägheit	Beladung Dach $m_{B,Dach}$	0,00	1,00
Trägheit	Beladung hinten $m_{B,HA}$	0,00	1,00
Trägheit	Beladung vorn $m_{B,VA}$	0,00	1,00
Trägheit	Masse Rad hinten $m_{Rad,HA}$	0,95	1,05
Trägheit	Masse Rad vorn $m_{Rad,VA}$	0,95	1,05
Trägheit	Trägheitsmoment Rad hinten $J_{Rad,HA}$	0,95	1,05
Trägheit	Trägheitsmoment Rad vorn $J_{Rad,VA}$	0,95	1,05

A.3 Weitere Ergebnisse der Sensitivitätsanalysen

Die Durchführung der mehrstufigen Untersuchungen bestehend aus dem Parameterscreening und dem anschließenden Parameterranking erfordert die mehrmalige Durchführung von Rechnungen zur Sensitivitätsanalyse. In Kapitel 5 werden ausschließlich die Ergebnisse der abschließenden Untersuchung grafisch aufgezeigt. Die zuvor erhaltenen Ergebnisse zum Screening der Parameter werden in Kapitel 5 beschrieben und verwendet. Die nachfolgend referenzierten Abbildungen zeigen die Ergebnisse dieser Untersuchungen grafisch aufbereitet. Dabei wird aufgrund der hohen Anzahl an Parametern von mehreren 100 oder sogar mehreren 1000 ein Ausschnitt vorgestellt, der jeweils die 20 Parameter zeigt, die den höchsten Wert des Sensitivitätsindex aufweisen.

Abbildung A3.1 zeigt die Ergebnisse des Parameterscreenings für die einflussreichsten Fahrzeugparameter. Die verwendete Sensitivitätsanalysemethode ist die Elementareffektmethode (EEM). Diese liefert den Sensitivitätsindex μ^*. Die Parameter sind für die jeweilige objektive Bewertungsgröße nach diesem Sensitivitätsindex sortiert und die ersten 20 Parameter normiert auf den spaltenweise höchsten Wert dargestellt.

Abbildung A3.2 zeigt die Ergebnisse der ersten Stufe des Parameterscreenings für die einflussreichsten Funktionsparameter. Die eingesetzte Sensitivitätsana-

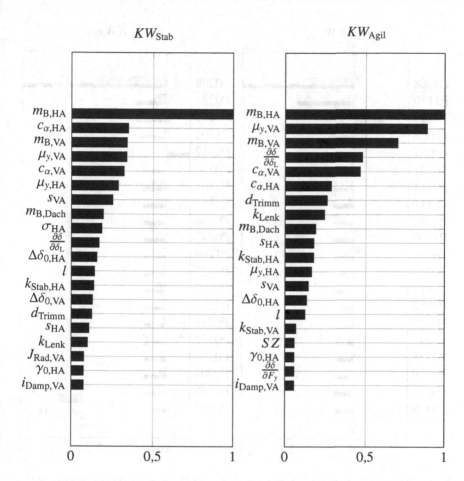

Abbildung A3.1: Sensitivitätsindizes μ^* der Fahrzeugparameter hinsichtlich der objektiven Fahrzeugkennwerte KW_{Stab} und KW_{Agil}

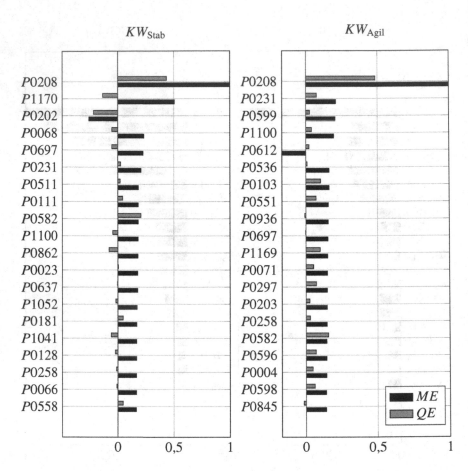

Abbildung A3.2: Sensitivitätsindizes *ME* und *QE* der Funktionsparameter
hinsichtlich der objektiven Fahrzeugkennwerte KW_{Stab}
und KW_{Agil}

lysemethode ist das Iterated Fractional Factorial Design (IFFD). Diese liefert
die Sensitivitätsindizes *ME* und *QE*. Die Abbildung zeigt die Indizes je Spalte
normiert und sortiert nach dem linearen Index *ME* für die jeweilige objektive
Bewertungsgröße des Fahrzeugverhaltens.

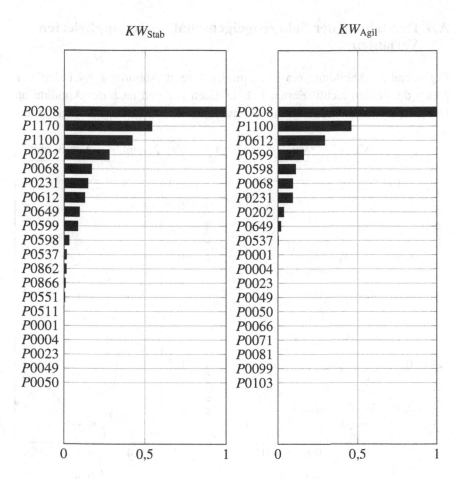

Abbildung A3.3: Sensitivitätsindizes μ^* der Funktionsparameter hinsichtlich der objektiven Fahrzeugkennwerte KW_{Stab} und KW_{Agil}

Abbildung A3.3 zeigt die Ergebnisse der zweiten Stufe des Parameterscreenings für die einflussreichsten Funktionsparameter. Die eingesetzte Sensitivitätsanalysemethode ist die EEM. Diese liefert die Sensitivitätsindizes μ^*. Die Abbildung zeigt die Indizes sortiert und normiert auf den höchsten auftretenden Wert.

A.4 Darstellung der Fahrzeugeigenschaften der applizierten Varianten

Ergänzend zu Abbildung 6.5 in Kapitel 6.4 zeigt Abbildung A4.1 den Vergleich der beiden identifizierten Eckvarianten vor und nach der Applikation. Dabei ist zusätzlich die Referenzvariante in Form von Variante 1 dargestellt.

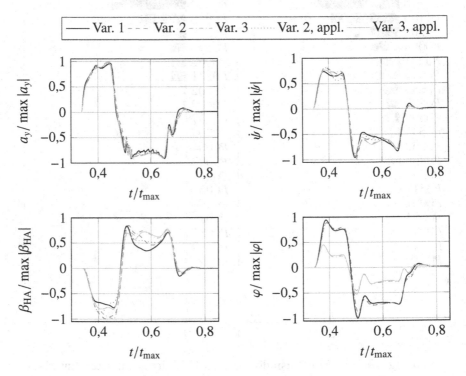

Abbildung A4.1: Vergleich der identifizierten Eckvarianten im Manöver Sinus mit Haltezeit nach der Applikation

Printed in the United States
by Baker & Taylor Publisher Services